は じ め に

本書のねらい

　実教出版の教科書「電気機器」（工業 738）の学習内容を，より深く理解し，活用できるように編集しました。

本書の利用のしかた

　教科書「電気機器」の内容のうち，重要な内容について学習のポイントを定め，前後のつながりを考えながら問題をこまかく分けて掲載しました。やさしい問題も多いので，自学自習にも適しています。毎日の予習・復習，夏休みなどの余暇にも利用されることをおすすめします。

本書による学び方

　1　学習のポイントを読み，それにかかわる部分について教科書の記述を調べ，ポイントの内容をまず理解してください。

　2　演習問題を解くときには，問題文をよく読み，また，問題の図をよく見て，考えてください。

JN060406

■ 目 次

第1章 直流機

1 直流機 （教科書 p. 19～25）

1 直流機の原理 （教科書 p. 19～21）

学習のポイント

1. 直流機には，直流発電機と直流電動機があり，それらの構造は同じである。

2. 発電機において，コイルに発生する起電力の向きは，**フレミングの右手の法則**による。

3. 電動機において，コイルに発生する電磁力の向きは，**フレミングの左手の法則**による。

---

1 直流機の原理について，次の文の（　　）に適切な語句を書き入れよ。

(1) 図(a)のように①（　　　　　）の間に方形コイルを置き，コイルを回転させると，②（　　　　　　）の③（　　　　）の法則によって定まる向きに④（　　　　　）が生じる。

(2) コイル辺の回転軸方向の長さを l [m]，平等磁界の磁束密度を B [T]，コイルの面がなす角度を θ [rad]，コイルの周速度を u [m/s] とすると，コイル辺に誘導される起電力は $e =$ ①（　　　　　　　）[V] で表され，図(b)の破線のような②（　　　　）の③（　　　　）波形になる。

(3) 図(a)において，コイルに接続された半円状の導体 C_1, C_2 を①（　　　　　　）といい，B_1, B_2 を②（　　　　　）という。ともに抵抗 R に一定方向の電流を流す働きがあり，抵抗 R では，図(b)に示す v のような同一の向きの電圧が得られる。

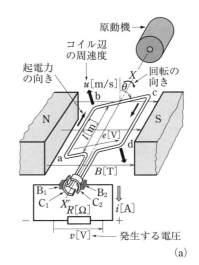

(a)

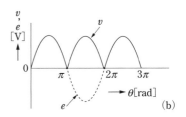

(b)

2 直流機の原理について，次の文の（　　）に適切な語句を書き入れよ。

(1) 図(c)のように，磁界中に置かれた方形コイルに直流電流を流すと，①（　　　　　）の②（　　　　）の法則によって定まる向きに③（　　　　　）が生じる。

(2) 直流機は①（　　　　　）にも②（　　　　　）にもなる。また，滑らかな回転や③（　　　　　）の小さな電圧を得るには，コイルの数と④（　　　　　　）の数を増やす必要がある。

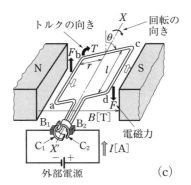

(c)

② 直流機の構造　③ 電機子巻線法　(教科書 p.22〜25)

学習のポイント

1. 直流機は，固定子と回転子からなり，固定子は界磁および継鉄によって，回転子は電機子および整流子などによって構成される。

2. 電機子巻線法には，**重ね巻**と**波巻**とがあり，並列回路数は，重ね巻の場合，極数に等しく，波巻の場合は 2 である。

1 直流機について，次の文の（　　）に適切な語句または数値を書き入れよ。

(1) 界磁は，界磁鉄心に（①　　　　）巻線を施し，これに界磁電流を流して，（②　　　　）を発生させる。界磁鉄心は，厚さ（③　　　　）mm の軟鋼板を積み重ねて作られている。

(2) 界磁鉄心が取り付けられている枠を（①　　　　）といい，磁束の（②　　　　）となるばかりでなく，機械の外枠を形づくるもので，材質には（③　　　　）または軟鋼板が用いられる。

(3) 電機子は，電機子鉄心・（①　　　　）および整流子によって構成されている。電機子鉄心に，厚さ（②　　　　）mm，または（③　　　　）mm の（④　　　　）を（⑤　　　　）鉄心にして用いるのは，（⑥　　　　）損を減少させるためである。この鉄心の外周には，（⑦　　　　）を収めるための（⑧　　　　）が設けられている。

(4) 電機子巻線には，材質としては（①　　　　）が用いられる。形状はその断面が円形のものと断面が長方形の（②　　　　）が多く用いられる。コイルの形は（③　　　　）形が多く用いられ，口出線は（④　　　　）に接続されている。

(5) 電機子巻線の各コイル相互のつなぎ方には，並列回路数と極数が等しくなる（①　　　　）と，極数に関係なく並列回路数が 2 となる（②　　　　）とがある。

2 下図は，直流発電機の構造例である。（　　）に名称を書き入れよ。

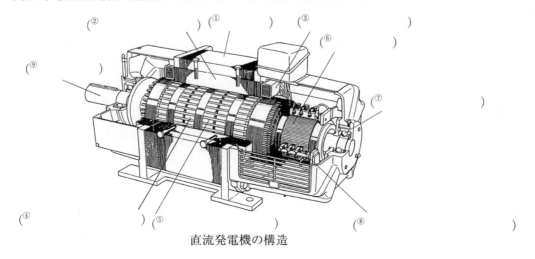

（②　　　　）（①　　　　）（③　　　　）
（⑥　　　　）
（⑨　　　　）
（⑦　　　　）
（④　　　　）（⑤　　　　）（⑧　　　　）

直流発電機の構造

2 直流発電機 （教科書 p.28～36）

1 直流発電機の理論(1) （起電力の大きさ） （教科書 p.28～29）

学習のポイント

1. 直流発電機の起電力 $E[\text{V}]$ は，次の式で表される。

$$E = \frac{Z}{a} p \Phi \frac{n}{60} = K_1 \Phi n \quad \left(\text{ただし，} K_1 = \frac{pZ}{60a}\right)$$

2. 直流発電機の起電力は，1極あたりの磁束 Φ と回転速度 n の積に比例する。

1 直流発電機の起電力について，次の問いに答えよ。

(1) 次の式の記号の名称を（　）に，単位を［　］に書き入れよ。

$$E = \frac{Z}{a} p \Phi \frac{n}{60}$$
$$= K_1 \Phi n$$
ただし，$K_1 = \frac{pZ}{60a}$

p：(①　　　　　　　)
a：(②　　　　　　　)
Φ：(③　　　　　　　) [④　　　　　]
Z：(⑤　　　　　　　)
n：(⑥　　　　　　　) [⑦　　　　　]

(2) 次の文の（　）に適切な語句または数値を書き入れよ。

　発電機の起電力は，(①　　　　　　)から決まる定数 K_1 によって異なり，1極あたりの(②　　　　　　)と回転速度の積に比例する。また，大きい電流を取り出すには，電機子巻線の導線に太いものを用い，並列回路の数も多くする必要がある。

2 直流発電機について，次の問いに答えよ。

(1) ある発電機の電機子の直径が 10 cm，電機子導体の長さが 20 cm，回転速度が 1 800 min⁻¹，平均磁束密度が 1.5 T である。1本の導体に誘導される起電力はいくらか。

$e = Blu$　……①　　u は周速度[m/s]であるので，式②がなりたつ。
$u = \dfrac{\pi D n}{60}$　……②　　式①と式②から，起電力は次のようになる。
$e = Bl\dfrac{\pi D n}{60} = 1.5 \times (① \quad\quad) \times \dfrac{\pi \times (② \quad\quad) \times 1800}{60} = (③ \quad\quad)\text{ V}$

(2) 磁極数 6，波巻，電機子全導体数 200 の直流発電機を 1 200 min⁻¹ の回転速度で運転したとき，120 V の起電力を発生した。このときの 1 極あたりの磁束 $\Phi[\text{Wb}]$ はいくらか。

1 直流発電機の理論(2) (電機子反作用) (教科書 p. 29〜31)

学習のポイント

1. 直流発電機には，**電機子反作用**があり，ブラシと整流子片間に火花を生じる。

2. 電機子反作用には，**減磁作用**や**交差磁化作用**がある。

3. 電機子反作用を防止するために，**補償巻線**や**補極**を用いる方法がある。

---

1 直流発電機の電機子反作用について，次の文の(　　)に適切な語句を書き入れよ。

　　電機子反作用とは，直流発電機に(^{①}　　　　　)を接続して，電機子巻線に(^{②}　　　　　)が流れると，この電流によって電機子周辺に磁束ができ，この磁束が，(^{③}　　　　　)による磁束，すなわち(^{④}　　　　　)の分布に影響を与える。このため，電気的(^{⑤}　　　　　)は回転の向きに角度 θ [rad]だけ移動する。したがって，ブラシで短絡される(^{⑥}　　　　　)に起電力が誘導され，(^{⑦}　　　　　)電流が流れて，ブラシと(^{⑧}　　　　　)間に火花が生じる。この障害を防ぐために，ブラシの位置を(^{⑨}　　　　)の方向に角度 θ だけ移動させなければならない。

2 直流発電機の電機子反作用について，次の文の(　　)に適切な語句または記号を書き入れよ。

　　右図(a)は，ブラシの位置を新しい電気的中性点に移したときの(^{①}　　　　　)電流の磁束である。図(b)は，これを起磁力のベクトル図で表したものである。

　　(^{②}　　　　　)起磁力 F_a の二つの成分のうち，(^{③}　　　　　)起磁力 F_d は界磁起磁力(^{④}　　　)を減少させる働きをしているので，これを(^{⑤}　　　　)作用という。

　　また，(^{⑥}　　　　)起磁力 F_c は，F と(^{⑦}　　　)に交わって界磁起磁力の向きを曲げている。この働きを(^{⑧}　　　　　)作用という。

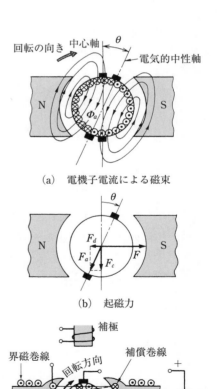

(a) 電機子電流による磁束

(b) 起磁力

3 図(c)は，補極および補償巻線付直流発電機である。電機子反作用が防止できるよう，各巻線および負荷を正しく接続せよ。

(c) 補償巻線と補極

2 直流発電機の種類と特性(1)　（教科書 p. 32〜33）

--- **学習のポイント** ---

1. 発電機には，界磁磁束をつくる方法によって，**他励発電機**と**自励発電機**がある。

2. 直流発電機において，外部電源を必要とする発電機を**他励発電機**という。

3. 発電機の特性は，**無負荷飽和曲線**および**外部特性曲線**で表される。

1　下図は，他励発電機の原理図である。各記号の名称を（　　　）に書き入れよ。

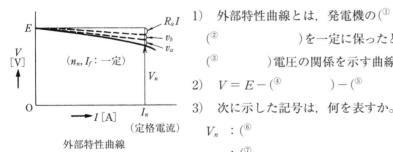

$\left(\begin{array}{l}I_f を外部の電源から供給する方式\\のものを，他励発電機という。\end{array}\right)$

R_f：（① 　　　　　　　　　　）

I_f：（② 　　　　　　　　　　）

V：（③ 　　　　　　　　　　）

V_f：（④ 　　　　　　　　　　）

F_c：（⑤ 　　　　　　　　　　）

2　他励発電機の特性について，次の問いに答えよ。

(1)　右図の無負荷飽和曲線について，次の文の（　　　）に適切な語句を書き入れよ。

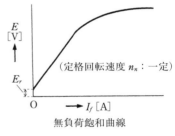

（定格回転速度 n_n：一定）

無負荷飽和曲線

　1)　無負荷飽和曲線とは，無負荷の状態で発電機の

　　（① 　　　　　　　　　　）を定格に保ったときの，界磁電流と

　　（② 　　　　　　　　　　）との関係を示す曲線である。

　2)　n が一定であれば，起電力 E[V]は（③ 　　　　　　　　　　）に比例するが，I_f がある値以上に

　　なると，鉄心の磁気（④ 　　　　　　　　）のため E は増加しなくなる。

　3)　$I_f = 0$ のとき，微小起電力 E_r が発生するのは，鉄心の（⑤ 　　　　　　　　）によるものである。

(2)　下図の外部特性曲線について，次の文の（　　　）に適切な語句または記号を書き入れよ。

E　V[V]　$R_a I$　v_b　v_a　V_n

（n_n, I_f：一定）

O　I[A]　I_n（定格電流）

外部特性曲線

　1)　外部特性曲線とは，発電機の（① 　　　　　　　　　　）および

　　（② 　　　　　　　　　　）を一定に保ったときの，負荷電流と

　　（③ 　　　　　　　　　）電圧の関係を示す曲線である。

　2)　$V = E - $（④ 　　　　　　　）$ - $（⑤ 　　　　　　　）$ - v_b$

　3)　次に示した記号は，何を表すか。

　　V_n：（⑥ 　　　　　　　　　　）

　　v_a：（⑦ 　　　　　　　　　　）

　　v_b：（⑧ 　　　　　　　　　　）

　　$R_a I$：（⑨ 　　　　　　　　　　）

2 直流発電機の種類と特性(2) （教科書 p. 33～36）

学習のポイント

1. 直流発電機において，自己の誘導起電力で磁極を励磁する方式を自励発電機という。

2. 自励発電機には，**分巻発電機・直巻発電機**などがある。

3. 分巻発電機の端子電圧 $V[\mathrm{V}]$，電機子電流 $I_a[\mathrm{A}]$，界磁電流 $I_f[\mathrm{A}]$ は，次の式で表される。

$$V = E - (R_a I_a + v_a + v_b + v_f) \qquad I_a = I + I_f \qquad I_f = \frac{V}{R_f'} \quad (R_f' = R_f + R_c)$$

1 図(a)，(b)は，分巻発電機の回路と，電圧の発生過程を表す特性である。（　　）に適切な語句または記号を書き入れよ。

電機子が回転すれば，磁極の(^{①}　　　　)磁気によって，電機子巻線に生じるわずかな起電力 $E_r[\mathrm{V}]$ により(^{②}　　　　)巻線に $I_{f1}[\mathrm{A}]$ の電流が流れ，(^{③}　　　　)巻線に $E_1[\mathrm{V}]$ の起電力を誘導する。この結果，界磁電流は I_{f2} に(^{④}　　　　)し，さらに高い電圧 $E_2[\mathrm{V}]$ を誘導する。これを繰り返し，図(b)の点(^{⑤}　　　　)まで上昇して，安定した起電力 E_n が得られる。

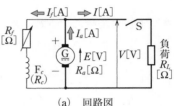

(a) 回路図

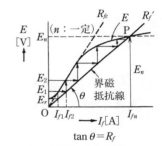

(b) 電圧の発生過程

2 図(c)は直巻発電機の外部特性曲線である。次に示す記号は，何を表すか。（　　）に書き入れよ。

$(R_a + R_d) I$: (^{①}　　　　　　　　　　　　)

v_b : (^{②}　　　　　　　　　　　　)

v_a : (^{③}　　　　　　　　　　　　)

3 定格出力 6 kW，定格電圧 200 V の分巻発電機がある。電機子抵抗 0.2 Ω，界磁回路の抵抗 50 Ω で定格運転している。次の値を求めよ。ただし，電機子反作用およびブラシによる電圧降下等は無視する。

(1) 発電機の定格電流 $I_n[\mathrm{A}]$

(2) 界磁電流 $I_f[\mathrm{A}]$

(3) 電機子電流 $I_a[\mathrm{A}]$

(4) 誘導起電力 $E[\mathrm{V}]$

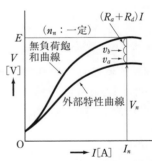

(c) 直巻発電機の外部特性曲線

3 直流電動機 （教科書 p.37〜48）

1 直流電動機の理論(1) （トルクと出力） （教科書 p.37〜39）

学習のポイント

1. 直流電動機のトルク $T[\text{N·m}]$ は，$T = K_2 \Phi I_a$ で表され，1極あたりの磁束 $\Phi[\text{Wb}]$ と電機子電流 $I_a[\text{A}]$ との積に比例する。

2. 直流電動機の出力 $P_o[\text{W}]$ は，回転速度を $n[\text{min}^{-1}]$ とすると，$P_o = 2\pi \dfrac{n}{60} T$ で表される。

1 直流電動機について，次の（　）に適切な語句または記号を書き入れよ。

(1) トルク $T[\text{N·m}]$ は，次の式で表される。

$$T = \frac{pZ}{2\pi a} \times \Phi I_a = K_2 \Phi I_a \ \text{ただし，} K_2 = (^{①}\qquad)\text{である。}$$

なお，上式中の記号は，次のとおりである。

a は $(^{②}\qquad)$ 回路の数で，重ね巻では $a = p$，波巻では $a = 2$ である。

I_a は $(^{③}\qquad)$，p は $(^{④}\qquad)$，Z は $(^{⑤}\qquad)$，

Φ は $(^{⑥}\qquad)$ である。

(2) 4極重ね巻，電機子直径 20 cm，軸方向の長さ 30 cm，導体総数 220 本，磁束 0.017 Wb の直流電動機が，電機子電流 40 A，回転速度 1 200 min^{-1} で運転している。

このときの 1) トルク $T[\text{N·m}]$ および 2) 出力 $P_o[\text{W}]$ はいくらか。

1) $T = \dfrac{4 \times (^{①}\qquad)}{2\pi \times (^{②}\qquad)} \times (^{③}\qquad) \times (^{④}\qquad) = (^{⑤}\qquad)\text{N·m}$

2) $P_o = 2\pi \dfrac{n}{60} T = \dfrac{2\pi \times (^{①}\qquad)}{60} \times (^{②}\qquad) = (^{③}\qquad)\text{W}$

2 直流電動機について，次の問いに答えよ。

(1) 1 500 min^{-1} で回転する直流電動機のトルクが 100 N·m であるとすれば，この電動機の出力 $P_o[\text{kW}]$ はいくらか。

(2) 磁極数 6，重ね巻，電機子導体数 400 の直流電動機が 1 500 min^{-1} で回転している。電機子電流が 100 A，1極あたりの磁束が 0.01 Wb とすると，このときの電動機のトルク $T[\text{N·m}]$ と出力 $P_o[\text{kW}]$ はいくらか。

(3) 定格出力 10 kW の直流電動機が定格運転したとき，80 N·m のトルクを発生した。このときの回転速度 $n[\text{min}^{-1}]$ はいくらか。

1 直流電動機の理論(2) (逆起電力) (教科書 p. 40)

学習のポイント

1. 電動機が回転すると，電機子巻線には電源電圧とは逆向きの**逆起電力**が発生する。

2. 電動機の逆起電力 E[V]，電機子電流 I_a[A]，電動機の出力 P_o[W]は，次の式で表される。

$$E = \frac{Z}{a} p \Phi \frac{n}{60} = K_1 \Phi n \qquad I_a = \frac{V-E}{R_a} \qquad P_o = E I_a = V I_a - R_a I_a^2$$

1 極数が 4，並列回路数が 4，電機子導体数 600，各極の磁束が 0.01 Wb の直流電動機がある。この電動機の回転速度が 1 800 min^{-1} であるとき，逆起電力 E[V]はいくらか。

2 直流電動機について，次の文の（　　）に適切な語句または記号を書き入れよ。

(1) 電動機に外部から電源電圧 V[V]を加えると，電機子が
回転する。このとき，(①　　　　　　)巻線には逆向きの誘導
起電力 E[V]が発生する。すなわち(②　　　　　)電流を
(③　　　　　)させる向きに誘導起電力(逆起電力)が生じる。
右図は，これらの関係を示している。

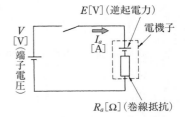

(2) 電機子電流 I_a[A]は，右図から次のようになる。

$$I_a = \frac{(①\qquad\qquad) - (②\qquad\qquad)}{R_a}$$

(3) 電機子抵抗 0.1 Ω の直流電動機がある。端子電圧 215 V，電機子電流 50 A で回転している
場合の逆起電力 E[V]はいくらか。

$$E = V - R_a I_a = (①\qquad\quad) - (②\qquad\qquad) = (③\qquad\quad) \text{ V}$$

3 端子電圧 220 V，定格回転速度 1 200 min^{-1}，電機子巻線の抵抗が 0.16 Ω の電動機がある。
この電動機の運転中の電機子電流は 50 A であった。次の値を求めよ。

(1) 電機子に発生する逆起電力 E[V]

(2) 出力 P_o[kW]

(3) トルク T[N·m]

1 　直流電動機の理論(3)　（電機子反作用）　（教科書 p. 41）

── 学習のポイント ──

電動機にも電機子反作用があるので，**補償巻線**や**補極**を設けて，電機子反作用を防止している。

1　直流電動機について，次の文の（　　）に適切な語句を書き入れよ。

(1)　直流電動機の場合も（①　　　　　　　　　）が流れることにより電機子反作用が生じる。このときの（①　　　　　　　　　）の向きは，発電機の場合と（②　　　　　　　）に流れるから，電機子反作用は発電機と反対方向に生じる。

(2)　電機子反作用が生じると，（①　　　　　　　　）とブラシの間に（②　　　　　）が発生するので，それを防止するために，発電機と同じように（③　　　　　　　　　）や（④　　　　　　　）を設けている。

2　直流電動機の電機子反作用について，次の文の（　　）に適切な語句を書き入れよ。

電機子反作用は，発電機の場合と原理は同じであるが，電機子電流が，（①　　　　　　　　）の場合と（②　　　　　　　　）に流れるから，電機子反作用は，発電機と反対方向に生じる。したがって，ブラシを移動する向きも発電機と（③　　　　　　　）の向きになる。

3　右図の直流電動機において，電機子反作用を防ぐように補極と補償巻線を接続し，結線を完成させよ。

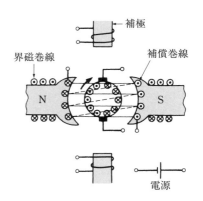

2 直流電動機の特性 （教科書 p. 42～44）

学習のポイント

1. 分巻電動機は負荷に関係なく，回転速度が一定なので**定速度電動機**という。

2. 直巻電動機は，負荷の変化によって回転速度が大きく変わるので**変速度電動機**という。また，直巻電動機は，始動トルクが大きいという特徴がある。

3. 直流電動機の回転速度 n [min^{-1}] の式は，次のように表される。

$$n = \frac{V - R_a I_a}{K_1 \Phi} \quad \left(K_1 = \frac{pZ}{60a} \right)$$

V [V]：端子電圧　　　　Φ [Wb]：界磁磁束
R_a [Ω]：電機子巻線抵抗　I_a [A]：電機子電流

1 直流電動機の特性について，次の文の(　　)に適切な語句を書き入れよ。

(1) 直流電動機には，(①　　　　　)電動機，(②　　　　　)電動機がある。

(2) 電動機の速度特性とは，(①　　　　　　　)を一定に保ったとき，(②　　　　　　　)の変化に対する(③　　　　　　　)の関係を示す特性である。

(3) 電動機のトルク特性とは，(①　　　　　　)を一定に保ったとき，(②　　　　　　)の変化に対する(③　　　　　　)の関係を示す特性である。

(4) 右図(a)，(b)は，直流電動機の特性曲線である。曲線の(　　)に分巻か直巻の用語を書き入れよ。

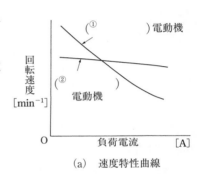

(a) 速度特性曲線

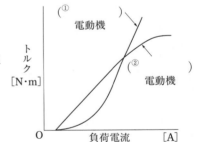

(b) トルク特性曲線

2 直流電動機について，次の問いに答えよ。

(1) 直巻電動機の負荷電流が 20 A のとき 100 N·m のトルクを発生しているという。電流が 40 A になったときのトルク T_{40} [N·m] はいくらか。

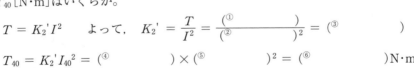

$$T = K_2{}' I^2 \quad \text{よって，} \quad K_2{}' = \frac{T}{I^2} = \frac{(①\quad\quad)}{(②\quad\quad)^2} = (③\quad\quad)$$

$$T_{40} = K_2{}' I_{40}{}^2 = (④\quad\quad) \times (⑤\quad\quad)^2 = (⑥\quad\quad) \text{N·m}$$

(2) 定格電圧 100 V，電機子電流 40 A，回転速度 1 200 min^{-1} で運転中の分巻電動機がある。界磁電流および負荷電流を一定に保ち，端子電圧を 90 V に下げると，回転速度 n_{90} [min^{-1}] はいくらになるか。ただし，電機子抵抗は 0.35 Ω とし，電機子反作用は無視する。

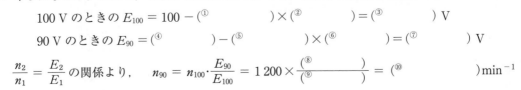

$$100 \text{ V のときの } E_{100} = 100 - (①\quad\quad) \times (②\quad\quad) = (③\quad\quad) \text{ V}$$

$$90 \text{ V のときの } E_{90} = (④\quad\quad) - (⑤\quad\quad) \times (⑥\quad\quad) = (⑦\quad\quad) \text{ V}$$

$$\frac{n_2}{n_1} = \frac{E_2}{E_1} \text{ の関係より，} \quad n_{90} = n_{100} \cdot \frac{E_{90}}{E_{100}} = 1\,200 \times \frac{(⑧\quad\quad)}{(⑨\quad\quad)} = (⑩\quad\quad) \text{min}^{-1}$$

3 直流電動機の始動と速度制御(1)　(教科書 p. 44〜45)

学習のポイント

1. 直流電動機は，始動電流が大きいので**始動器**を用いて始動させる。

2. 直流電動機の始動電流および始動抵抗の計算ができるようにする。
---

1 直流電動機の始動について，次の文の(　　)に適切な語句または記号を書き入れよ。

(1) 分巻電動機の電機子電流 I_a[A]は，$I_a = \dfrac{V - (\text{①　　　　　})}{R_a}$ であり，電機子巻線
抵抗 R_a の値は(②　　　　　)い。

(2) 始動時すなわち，端子電圧を加えた瞬間は，(①　　　　　)が0であるから，逆起電力
E[V]も(②　　　　　)Vである。したがって，$I_a = ($③　　　　　$)$ となり，直接全電圧を加えると
(④　　　　　)な電流が流れ，電機子巻線を(⑤　　　　　)するおそれがある。

　これを防ぐために，電機子に(⑥　　　　　)に抵抗を接続して電流を制限し，速度の増加とと
もに(⑦　　　　　)を減少させる。この抵抗を(⑧　　　　　)といい，その装置を
(⑨　　　　　)という。

(3) 右図は，電動機に始動器を接続したものである。
始動は，ハンドルを右まわりに回すにつれて，始
動抵抗 R が(①　　　　　)し，最後には(②　　　　　)
され，ハンドルは(③　　　　　)によって，その
位置に保持される。電源の接続が切れたとき，ま
たは(④　　　　　)などで無電圧になったとき，
(⑤　　　　　)は磁力を失うので，ハンドルは自
動的に停止位置にもどる。

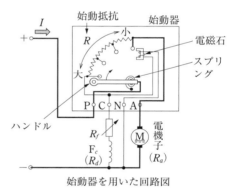

始動器を用いた回路図

2 定格電圧 $V = 200$ V，定格電流 $I = 50$ A，電機子抵抗 $R_a = 0.1\ \Omega$，界磁回路の抵抗 $R_f{'} = 40\ \Omega$ である分巻電動機がある。次の問いに答えよ。

(1) 界磁電流 I_f[A]はいくらか。

(2) 始動電流が定格電流の 300 % であるとき，始動電流 I_s[A]は
いくらか。

(3) (2)の場合，始動抵抗 R[Ω]はいくらか。

〔ヒント〕

$I_f = \dfrac{V}{R_f{'}}$

$I_{as} = I_s - I_f = \dfrac{V}{R + R_a}$

$= 150 - 5 = 145$ A

I_{as} は電機子の始動電流

I_s は始動電流

R は始動抵抗

3 直流電動機の始動と速度制御(2) (教科書 p. 46〜47)

学習のポイント

1. 電動機の回転速度を調整することを**速度制御**といい，いろいろな方法がある。

2. 電動機の速度 $n\,[\mathrm{min}^{-1}]$ は，次の式で表される。

$$n = \frac{V - I_a(R_a + R)}{K_1 \Phi}$$ （この式から n を調整するには，Φ，V および電機子回路に挿入する直列抵抗 R を変えればよいことがわかる。）

1 直流電動機の速度制御について，次の文の（　）に適切な語句を書き入れよ。

(1) 界磁制御法…($①$　　　　　　　　　　)を加減して($②$　　　　　　　)の($③$　　　　　　　)を変え，速度制御する方式である。

(2) 抵抗制御法…($①$　　　　　　　)の回路に直列に抵抗を入れて速度制御する方法である。ただし，この方式は($②$　　　　　　　)が大きい。

(3) 電圧制御法…($①$　　　　　　　)に加える電圧を変化させて，速度制御する方法である。三相交流電圧を($②$　　　　　　　)を用いて，可変電圧の($③$　　　　　)に変換し，電機子電圧を制御する方式を($④$　　　　　　　　)方式という。

2 電圧 220 V，界磁回路の抵抗 55 Ω，電機子抵抗 0.2 Ω，全負荷電流 54 A の直流分巻電動機がある。回転速度 1 500 min^{-1} で全負荷運転中，抵抗制御法によってその速度を $\frac{1}{2}$ にするには，抵抗をいくらにすればよいか。（　）に適切な数値を書き入れよ。ただし，トルクは不変とする。

$$\text{電機子電流 } I_a = I - \frac{V}{R_f} = 54 - \frac{(①\quad\quad)}{(②\quad\quad)} = (③\quad\quad)\,\mathrm{A}$$

$E = V - R_a I_a$，　$E = K_1 \Phi n$　　よって，　$K_1 \Phi n = V - R_a I_a$

（抵抗なし）　$K_1 \Phi \times (④\quad\quad) = 220 - (⑤\quad\quad) \times (⑥\quad\quad)$

（抵抗 R）　$K_1 \Phi \times \frac{1}{2} \times (④\quad\quad) = 220 - \{(⑦\quad\quad) + R\} \times 50$

上の 2 式から R を求めると，次のようになる。

$$R = (⑧\quad\quad)\,\Omega$$

3 直流電動機について，次の文の（　）に適切な語句を書き入れよ。

(1) 直流電動機の回転方向を変えるには，($①$　　　　　　　　)の流れる向きを反対にするか，($②$　　　　　　　)の流れる向きを反対にするか，いずれか一つを行えばよい。

(2) 発電制動とは，運転中の電動機を電源から切り離し，その端子間に($①$　　　　　　)を接続して($②$　　　　　　　)とし，電気エネルギーを熱として消費させて制御する方法である。

4 直流機の定格 （教科書 p. 49〜52）

学習のポイント

1. **定格**とは，指定された条件のもとにおける機器の標準的な使い方や使用限度をいう。

2. 直流機の損失には，**銅損・鉄損・機械損**などがある。

3. 直流発電機の**電圧変動率** ε[%]は，次のように表される。

$$\varepsilon = \frac{V_0 - V_n}{V_n} \times 100 \qquad V_0[\text{V}]：無負荷時の電圧 \qquad V_n[\text{V}]：定格負荷時の電圧$$

4. 出力電力を P_o[W]，入力電力を P_i[W]，損失を P_l[W]とすると，直流機の**効率** η[%]は，次のように表される。

$$\eta = \frac{P_o}{P_i} \times 100 = \frac{P_i - P_l}{P_i} \times 100 = \frac{P_o}{P_o + P_l} \times 100$$

1 直流機について，次の文の（　　）に適切な語句を書き入れよ。

(1) 定格とは，銘板に示されている（①　　　　）・（②　　　　）・（③　　　　）・（④　　　　）などについて，その機器の標準的な使い方を示したものである。

(2) 定格電圧で定格電流が流れる負荷を（①　　　　　）という。

(3) 発電機の損失には，（①　　　　　）巻線や（②　　　　）巻線などの抵抗損からなる銅損と，（③　　　　）中の損失からなる鉄損，（④　　　　）の摩擦損などの機械損などがある。

2 直流機について，次の問いに答えよ。

(1) 110 V，10 kW の直流分巻電動機の全負荷における入力および電機子電流 I_a を求めよ。ただし，全負荷効率は 85%，界磁電流 I_f は 7 A とする。

$$効率 = \frac{出力}{入力}，\quad 入力 = \frac{出力}{効率} = \frac{（①　　　　　）}{（②　　　　　）} = （③　　　　）kW$$

$$入力電流 I = \frac{入力}{電圧} = \frac{（④　　　　　）}{（⑤　　　　　）} = （⑥　　　　）A$$

$$I_a = I - I_f = （⑥　　　　） - （⑦　　　　） = （⑧　　　　）A$$

(2) 定格出力 5 kW の直流分巻発電機がある。この発電機の鉄損と機械損の和は 180 W である。また，全負荷時の全銅損は 620 W である。発電機の効率 η[%]を求めよ。

(3) 定格電圧 100 V，定格出力 3 kW の分巻発電機がある。定格出力における電機子反作用による電圧降下は 1.8 V，ブラシ接触電圧降下は 0.65 V である。電圧変動率 ε[%]を求めよ。ただし，電機子巻線抵抗は 0.05 Ω，界磁電流は 1 A とする。

第2章　電気材料

1　導電材料　　2　磁性材料　（教科書 p.57〜64）

─── **学習のポイント** ───

1. 電線材料には，導電率の大きい銅やアルミニウムが用いられている。

2. 電磁鋼板には，**無方向性**と**方向性**の2種類があり，回転機や変圧器に用いられている。

1　導電材料について，次の文の（　　）に適切な語句または数値を書き入れよ。

(1)　電線に用いられる銅は，電気分解によって（①　　　　　）した（②　　　　　）で，99.96％の純度をもっている。この銅を常温で加工したものが（③　　　　　）であり，回転機の（④　　　　　），開閉器，（⑤　　　　　）線路などに用いられる。

(2)　硬銅を（①　　　　　）〜600 ℃で焼なましたものを軟銅といい，電気機器の（②　　　　　）やふつうの（③　　　　　）・（④　　　　　）などに使われている。

(3)　電気用アルミニウムは，軟銅に比べて61％の導電率しかないが，密度は銅の（①　　　　　）と小さい。したがって，電気抵抗が等価である場合，アルミニウムの重量は銅の約（②　　　　　）なので，超高圧や特別高圧の架空（③　　　　　）にはアルミニウム電線が使われている。

(4)　電気機器に用いられる絶縁電線は（①　　　　　）または（②　　　　　）ワイヤとよばれ，材質として軟銅線が多く，断面形状が細いものには丸線，太いものには（③　　　　　）が用いられる。

(5)　金属は一般に温度が低下すると，（①　　　　　）は減少するが，0 Ω にはならない。ある種の金属または化合物は，（②　　　　　）100 K 以下の低温まで下げていくと，ある温度で（③　　　　　）が急激に減少し，0 Ω になる。この現象を（④　　　　　）という。この材料を電線として利用すると，低損失で（⑤　　　　　）を流すことができる。

2　磁性材料について，次の文の（　　）に適切な語句を書き入れよ。

(1)　純鉄は，（①　　　　　）が大きく，飽和（②　　　　　）も大きいが，機械的に強くない。そこで，微量の（③　　　　　）を含有させて，機械的に強くした軟鋼が直流機の磁極の（④　　　　　）などに用いられている。

(2)　電磁鋼板は，鉄にけい素を入れて（①　　　　　）を大きくし，（②　　　　　）損を少なくするため薄板状にして，その両面に（③　　　　　）が施してある。

(3)　電磁鋼板には，（①　　　　　）電磁鋼帯と，圧延方向に磁化させて透磁率を高め（②　　　　　）損を少なくした（③　　　　　）電磁鋼帯がある。前者は，けい素の含有量が1〜3.5％程度で，主として（④　　　　　）に用いられる。後者は，けい素の含有量が4〜4.5％程度で，主として（⑤　　　　　）の鉄心に用いられる。

3 **絶縁材料** （教科書 p. 65〜68）

学習のポイント
---

1. 絶縁材料は，電気機械・器具を安全に運転したり使用したりするために欠かせない。

2. 絶縁材料は，その種類によって，**最高使用温度**が決められている。

3. 絶縁材料は，気体絶縁材料・液体絶縁材料・固体絶縁材料に分けられる。

---

1 絶縁材料について，次の問いの（　　）に適切な語句または数値を書き入れよ。

(1) 運転中の機器は，導体に流れる電流による（①　　　　　　　），絶縁材料中の

（②　　　　　　　）や漏れ電流による発熱，鉄心中の（③　　　　　）による発熱などによって温度が

（④　　　　　）する。

　　そこで，（⑤　　　　　）材料には，その種類に応じて許される最高の使用温度が定められている。

(2) 温度上昇限度・最高使用温度および周囲温度の間には，次の関係がある。

（①　　　　　　　　　　）≦（②　　　　　　　　　　）−（③　　　　　　）

(3) 次の表の指定文字に該当する，耐熱クラス〔℃〕（最高使用温度）を書き入れよ。

耐熱クラス〔℃〕	①	②	③	④	⑤	⑥	⑦	⑧	⑨
指定文字	Y	A	E	B	F	H	N	R	—

2 Ⅰ群は絶縁材料，Ⅱ群はその特徴・用途などである。関係の深いものを線で結べ。

Ⅰ群		Ⅱ群
(A)　クラフト紙	・　　・	(a)　耐湿・耐熱性フィルム（耐熱クラス 155（F））
(B)　マイカ	・　　・	(b)　代表的な絶縁紙
(C)　アルキド樹脂	・　　・	(c)　機械的強度大，耐熱性，ポリエステル線の被膜
(D)　ポリイミド	・　　・	(d)　耐熱用絶縁材料，コンデンサ誘導体など
(E)　シリコーン樹脂	・　　・	(e)　アーク消弧能力大，遮断器，乾式変圧器
(F)　六ふっ化硫黄	・　　・	(f)　耐湿・耐熱性，耐熱クラス 180（H）ワニス
(G)　鉱油	・　　・	(g)　変圧器などの絶縁油
(H)　ポリアミドイミド	・　　・	(h)　耐油・耐アルカリ性，ホルマール線
(I)　ポリビニルホルマール	・　　・	(i)　耐熱性，耐熱電線（耐熱クラス 180（H））

第3章　変圧器

1　変圧器の構造と理論 （教科書 p.73〜85）

1　変圧器の構造 （教科書 p.73〜77）

┌─── **学習のポイント** ───────────────────────────────┐

1. 変圧器は，電磁誘導作用を利用して電圧を変える電磁機器で，磁気回路になる鉄心と，電気回路になる巻線などで構成されている。

2. 鉄心には，鉄損の少ない**電磁鋼板**や**電磁鋼帯**が用いられる。

└──┘

1　変圧器の構造について，次の問いに答えよ。

(1) 右図は，柱上変圧器の例である。各番号の名称を書き入れよ。

(① 　　　　　　　　) (④ 　　　　　　　　)
(② 　　　　　　　　) (⑤ 　　　　　　　　)
(③ 　　　　　　　　)

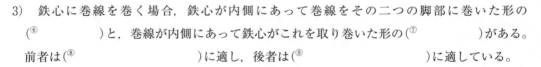

柱上変圧器

(2) 次の文の( )に適切な語句を書き入れよ。

1)　変圧器は，鉄心にコイル巻線を巻いてあり，電源につなぐ巻線を(① 　　　　)巻線，負荷につなぐ巻線を(② 　　　　)巻線という。

2)　一般に電力用の変圧器は，鉄心と巻線で構成される本体を容器に収め，(③ 　　　　)に浸している。これは，変圧器本体の(④ 　　　　)と(⑤ 　　　　)をするためである。

3)　鉄心に巻線を巻く場合，鉄心が内側にあって巻線をその二つの脚部に巻いた形の(⑥ 　　　　)と，巻線が内側にあって鉄心がこれを取り巻いた形の(⑦ 　　　　)がある。前者は(⑧ 　　　　)に適し，後者は(⑨ 　　　　)に適している。

2　変圧器の構造について，次の文の( )に適切な語句または数値を書き入れよ。

(1) 変圧器の鉄心には，飽和磁束密度と(① 　　　　)が大きく，鉄損の少ない電磁鋼板が用いられる。電磁鋼板は，(② 　　　　)を減少させるため，鉄にけい素を(③ 　　　　)％程度含有させており，1枚1枚の電磁鋼板の表面には，(④ 　　　　)が施してある。これを必要な厚さに積み重ねて用いる。

(2) 鉄心の形状には，(① 　　　　)鉄心，打ち抜き鉄心，(② 　　　　)鉄心などがある。

(3) 巻鉄心は，短冊鉄心に比べ，励磁電流や(① 　　　　)が少なく，鉄心も(② 　　　　)できる。

2　変圧器の理論(1)（理想変圧器）（教科書 p.77～79）

━━ 学習のポイント ━━

1. 一次・二次巻線の抵抗や鉄損，励磁電流を無視し，漏れ磁束もない変圧器を**理想変圧器**という。

2. 変圧器の**巻数比，電圧比**（変圧比），**変流比**の関係は，次のようになる。

巻数比 $a = \dfrac{N_1}{N_2} = \dfrac{E_1}{E_2} = \dfrac{I_2}{I_1}$ 　　N_1：一次巻線の巻数　　　　N_2：二次巻線の巻数

$E_1[\text{V}]$：一次誘導起電力　$E_2[\text{V}]$：二次誘導起電力

電圧比 $= \dfrac{E_1}{E_2}$ 　　変流比 $= \dfrac{I_1}{I_2} = \dfrac{1}{a}$ 　$I_1[\text{A}]$：一次電流　　　　　$I_2[\text{A}]$：二次電流

1 変圧器について，次の文の（　　）に適切な語句・記号または数値を書き入れよ。

(1) 変圧器の一次および二次巻線の巻数を N_1，N_2 回，鉄心中の磁束の最大値を $\Phi_m[\text{Wb}]$，周波数を $f[\text{Hz}]$ とすると，各巻線に発生する起電力 E_1，$E_2[\text{V}]$ は，次のようになる。

$$E_1 = \frac{1}{\sqrt{2}}(^{①}\qquad\qquad) = (^{②}\qquad\qquad)$$

$$E_2 = \frac{1}{\sqrt{2}}(^{③}\qquad\qquad) = (^{④}\qquad\qquad)$$

(2) 上の式で，E_1 と E_2 の比をとると，$\dfrac{E_1}{E_2} = (^{①}\qquad\qquad)$ となる。これを変圧器の（$^{②}\qquad\qquad$）といい，a で表される。

2 変圧器について，次の文の（　　）に適切な語句・記号または数値を書き入れよ。

(1) 右図(a)のように，一次側に電圧 $\dot{V}_1$ を加え，生じた（$^{①}\qquad$）rad 遅れの磁束 Φ により，（$^{①}\qquad$）rad 進んだ起電力 $\dot{E}_1$，$\dot{E}_2$ が一次，二次巻線に（$^{②}\qquad$）される。二次側に負荷電流 $\dot{I}_2$，一次側に電流 $\dot{I}_1$ が流れる。よって，$\dot{I}_1$ と $\dot{I}_2$ との間には，$N_1\dot{I}_1 = N_2\dot{I}_2$ の関係がある。

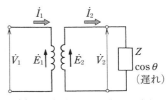

(a)　理想変圧器の電圧・電流

(2) (1)の関係をベクトル図に示すと，図(b)のようになる。番号で示されている各ベクトルに記号を入れよ。

(3) 一次，二次の電圧の比（変圧比），巻数の比および電流の比（変流比）は，次のようになる。

$$\frac{E_1}{E_2} = \frac{(^{①}\qquad\quad)}{(^{②}\qquad\quad)} = \frac{(^{③}\qquad\quad)}{(^{④}\qquad\quad)} = a$$

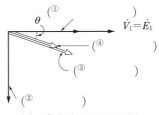

(b)　負荷時のベクトル図

(4) 二次端子電圧 105 V，容量 10 kV・A，巻数比 30 の変圧器がある。① 一次端子電圧 $V_1[\text{V}]$，② 二次電流 $I_2[\text{A}]$ および ③ 一次電流 $I_1[\text{A}]$ はいくらか。

2　変圧器の理論(2)　（実際の変圧器）　（教科書 p. 79〜80）

学習のポイント

1. 実際の変圧器は，二次側に負荷が接続されなくても，一次巻線に電流が流れる。この電流を**励磁電流**という。

2. 実際の変圧器では，鉄損のため $\dot{V}_1$ と $\dot{I}_0$ の位相差 θ_0 は $\left(\dfrac{\pi}{2}-\alpha_0\right)$ となる。この α_0 を**鉄損角**という。

3. 実際の変圧器の各巻線には，巻線抵抗 r のほか，漏れリアクタンス x がある。

4. $\dot{Y}_0=\dfrac{\dot{I}_0}{\dot{V}_1}$，$g_0=\dfrac{I_{0w}V_1}{V_1{}^2}$，$b_0=\dfrac{I_{0l}V_1}{V_1{}^2}$ などが容易に取り扱えるようにする。

1 変圧器について，次の文の（　）に適切な語句・記号または数値を書き入れよ。

(1) 理想変圧器では，励磁電流 $\dot{I}_0$[A]は一次電圧 $\dot{V}_1$[V]より $\theta_0=\dfrac{\pi}{2}$ rad 遅れると考えたが，実際の変圧器では，鉄心の（①　　　　　　　）現象や（②　　　　　　　）現象のため，磁束 $\dot{\Phi}$ より α_0 だけ進む。この α_0 を（③　　　　　　）という。

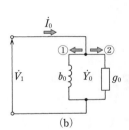

(a)

(2) 図(a)のベクトル図で示すように，$\dot{I}_{0w}$[A]は一次電圧 $\dot{V}_1$ と（①　　　　　）の成分であり，（②　　　　　）電流という。また，磁束 $\dot{\Phi}_m$ と（①　　　　　）の成分 $\dot{I}_{0l}$[A]を（③　　　　　）電流という。

(3) 図(b)は，変圧器の励磁回路の等価回路である。図中の①，②で示す電流の名称とその記号を書け。

①　（　　　　　　　　，　　　）　②　（　　　　　　　　，　　　）

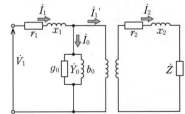

(b)

2 変圧器は，右図のような回路で表される。各記号の名称を書け。

r_1：（①　　　　　　　　　）　r_2：（②　　　　　　　　　）
x_1：（③　　　　　　　　　）　x_2：（④　　　　　　　　　）
g_0：（⑤　　　　　　　　　）　b_0：（⑥　　　　　　　　　）
$\dot{I}_1$：（⑦　　　　　　　　　）　$\dot{I}_1{}'$：（⑧　　　　　　　　　）
$\dot{I}_0$：（⑨　　　　　　　　　）　$\dot{I}_2$：（⑩　　　　　　　　　）

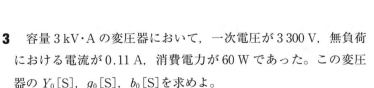

3 容量 3 kV・A の変圧器において，一次電圧が 3 300 V，無負荷における電流が 0.11 A，消費電力が 60 W であった。この変圧器の Y_0[S]，g_0[S]，b_0[S]を求めよ。

〔ヒント〕

無負荷電流：I_0[A]

無負荷電力（鉄損）：

$$I_{0w}V_1\,[\text{W}]$$

アドミタンス：

$$Y_0=\sqrt{g_0{}^2+b_0{}^2}\,[\text{S}]$$

3 変圧器の等価回路(1) （教科書 p.81〜83）

学習のポイント

1. 等価回路とは，変圧器の一次側と二次側の回路を結合し，単一回路として表したものである。

2. 変圧器の特性計算を行う場合には，**簡易等価回路**を用いると便利である。

---

1 図(a)は変圧器の等価回路であり，図(b)は，ベクトル図である。各番号で示すベクトルは何を表しているか。図(a)を参考にして，記号で示せ。

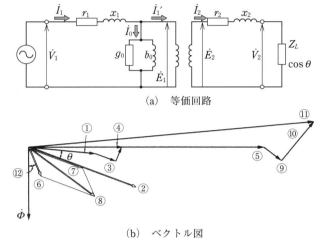

(a) 等価回路

① (　　　　　) ② (　　　　　)

③ (　　　　　) ④ (　　　　　)

⑤ (　　　　　) ⑥ (　　　　　)

⑦ (　　　　　) ⑧ (　　　　　)

⑨ (　　　　　) ⑩ (　　　　　)

⑪ (　　　　　) ⑫ (　　　　　)

(b) ベクトル図

2 上図(a)の変圧器の二次側を一次側に換算した簡易等価回路は，図(c)のように表すことができる。次の問いに答えよ。

(c) 簡易等価回路

(1) 各番号に適切な記号を入れよ。ただし，巻数比は a とする。

① (　　　　　　　　) ② (　　　　　　　　)

③ (　　　　　　　　) ④ (　　　　　　　　)

⑤ (　　　　　　　　) ⑥ (　　　　　　　　)

⑦ (　　　　　　　　)

(2) ある変圧器の二次側の抵抗が $0.05\,\Omega$，二次電圧が $210\,V$，二次電流が $42\,A$ であったという。

(1)を参考にして，記号と，一次側に換算した数字を（　　）に入れよ。ただし，$a = 15$ とする。

1) 抵抗 $=(^{①}$　　　　　$)^2 \cdot r_2 = (^{②}$　　　　　$)^2 \times 0.05 = (^{③}$　　　　　$)\,\Omega$

2) 電圧 $=(^{④}$　　　　$)=(^{⑤}$　　　　$)\times 210 = (^{⑥}$　　　　$)\,V$

3) 電流 $=(^{⑦}$　　　$)=\dfrac{(^{⑧}\qquad)}{(^{⑨}\qquad)}=(^{⑩}$　　　$)\,A$

3　変圧器の等価回路(2)　（教科書 p.83〜85）

学習のポイント

　簡易等価回路の取り扱いおよび換算式を用いて，一次側または二次側への換算が容易に行えるようにする。

1　巻数比 a が30の単相変圧器がある。一次および二次側巻線の抵抗は 20 Ω および 0.03 Ω，リアクタンスは一次側が 30 Ω，二次側は 0.06 Ω である。

　一次側に 6 000 V の電圧を加えたとき，励磁電流が 0.05 A，鉄損は 250 W である。二次側に 2 Ω の抵抗を接続したとき，次の問いに答えよ。

(1)　図(a)は，一次側に換算した等価回路である。各記号の値を求めよ。

$r_{12} = r_1 + a^2 r_2 = ($①　　　$) + ($②　　　$) \times ($③　　　$) = ($④　　　$)\,\Omega$

$x_{12} = x_1 + a^2 x_2 = ($⑤　　　$) + ($②　　　$) \times ($⑥　　　$) = ($⑦　　　$)\,\Omega$

$R' = a^2 R = ($②　　　$) \times ($⑧　　　$)$

$\quad = ($⑨　　　$)\,\Omega$

$I_{0w} = \dfrac{P_i}{V_1} = \dfrac{(⑩　　　)}{6\,000}$

$\quad = ($⑪　　　$)\,\mathrm{A}$

$g_0 = \dfrac{I_{0w}}{V_1} = \dfrac{(⑪　　　)}{(⑫　　　)}$

$\quad = ($⑬　　　$)\,\mathrm{S}$

$I_{0l} = \sqrt{I_0{}^2 - I_{0w}{}^2} = \sqrt{(⑭　　　　　　　　　)}$

$\quad = ($⑮　　　$)\,\mathrm{A}$

$b_0 = \dfrac{I_{0l}}{V_1} = \dfrac{(⑮　　　)}{(⑫　　　)}$

$\quad = ($⑯　　　$)\,\mathrm{S}$

$I_1' = \dfrac{V_1}{\sqrt{(r_{12} + R')^2 + x_{12}{}^2}}$

$\quad = \dfrac{(⑫　　　　)}{\sqrt{(⑰　　　　　)}} = ($⑱　　　$)\,\mathrm{A}$

(a)　一次側に換算した等価回路

(b)　二次側に換算した等価回路

(2)　図(b)は，二次側に換算した等価回路である。図に示した各記号の値を求めよ。

$r_{21} = \dfrac{r_1}{a^2} + r_2 = ($①　　　$)\,\Omega$　　　　$V_2 = \dfrac{V_1}{a} = ($⑤　　　$)\,\mathrm{V}$

$x_{21} = \dfrac{x_1}{a^2} + x_2 = ($②　　　$)\,\Omega$　　　　$R = ($⑥　　　$)\,\Omega$

$g_0' = a^2 g_0 = ($③　　　$)\,\mathrm{S}$　　　　$I_0' = a I_0 = ($⑦　　　$)\,\mathrm{A}$

$b_0' = a^2 b_0 = ($④　　　$)\,\mathrm{S}$　　　　$I_2 = \dfrac{V_2}{\sqrt{(r_{21} + R)^2 + x_{21}{}^2}} = ($⑧　　　$)\,\mathrm{A}$

2 変圧器の特性 （教科書 p. 86～102）

1 変圧器の電圧変動率(1) （教科書 p. 86～89）

学習のポイント
---

1. 変圧器の定格は，容量・電圧・電流・周波数・短絡インピーダンスなどの値で示されている。

2. 変圧器の**電圧変動率** $\varepsilon[\%]$ は，次の式で表される。

$$\varepsilon = \frac{V_{20} - V_{2n}}{V_{2n}} \times 100 = p\cos\theta + q\sin\theta$$

$$p = \frac{r_{21}I_{2n}}{V_{2n}} \times 100 \qquad q = \frac{x_{21}I_{2n}}{V_{2n}} \times 100$$

$V_{20}[V]$：無負荷時の二次端子電圧
$V_{2n}[V]$：定格負荷時の二次端子電圧
$p[\%]$：百分率抵抗降下
$q[\%]$：百分率リアクタンス降下

---

1 変圧器の定格について，次の文の（　　）に適切な語句または記号を書き入れよ。

変圧器の定格容量は，（①　　　　　）に記載された皮相電力で，定格（②　　　　　），定格周波数および定格（③　　　　）において，指定された（④　　　　）上昇の限度を超えない状態で，二次側に得られる値であり，[（⑤　　　　　　）]の単位で表す。

2 変圧器の電圧変動率 $\varepsilon[\%]$ について，次の文の（　　）に適切な語句または記号を書き入れよ。

(1) 右図(a)は，一次側を二次側に換算した等価回路である。巻数比を a とすると，r_{21}，x_{21} は，次のように表される。

$$r_{21} = (①\qquad) + r_2, \quad x_{21} = (②\qquad) + x_2$$

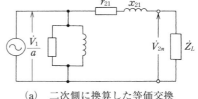

(a) 二次側に換算した等価交換

(2) 励磁回路のアドミタンスは，（①　　　　　）$\dot{Y}_0$ になる。

(3) 図(b)において，$\overrightarrow{Oc} \fallingdotseq \overrightarrow{Of}$ とみることができるので，次の式がなりたつ。

$$\overrightarrow{Oc} \fallingdotseq \overrightarrow{Oa} + (①\qquad) + \overrightarrow{ef}$$

$$V_{20} = (②\qquad) + (③\qquad)$$
$$\qquad + (④\qquad)$$

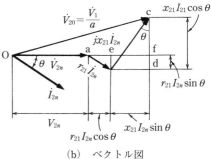

(b) ベクトル図

(4) 電圧変動率を上式を用いて表すと，次のようになる。

$$\varepsilon = \left(\frac{r_{21}I_{2n}}{V_{2n}}\cos\theta + \frac{x_{21}I_{2n}}{V_{2n}}\sin\theta\right) \times 100 = p\cos\theta + q\sin\theta$$

この場合の $p[\%]$ を（①　　　　　　　），$q[\%]$ を（②　　　　　　　　）といい，$p = (③\qquad)$，$q = (④\qquad)$ で表される。

(5) 一次側に換算して p，q を求めると，次のようになる。

$$p = \frac{r_{12}I_{1n}}{V_{1n}} \times 100, \qquad q = (①\qquad) \times 100$$

1 変圧器の電圧変動率(2) （教科書 p.89〜92）

学習のポイント

1. 変圧器の**短絡インピーダンス** $\%Z[\%]$ は，通常，百分率で表した次の式で表される。

$$\%Z = \frac{Z_{12}}{Z_n} \times 100 \qquad \begin{array}{l} Z_{12} \quad [\Omega]：変圧器のインピーダンス \\ Z_n \quad [\Omega]：変圧器の基準インピーダンス \end{array}$$

2. 短絡インピーダンス $\%Z[\%]$ と，p, q との間には，次の関係がある。

$$\%Z = \frac{V_{1Z}}{V_{1n}} \times 100 = \frac{I_{1n}Z_{12}}{V_{1n}} \times 100 = \sqrt{p^2 + q^2}$$

3. 変圧器の**短絡電流** $I_s[\mathrm{A}]$ は，次の式で表される。 $\qquad I_s = \dfrac{100 I_{1n}}{\%Z}$

1 変圧器について，次の文の（　）に適切な語句または記号を書き入れよ。

変圧器の二次側（低圧側）を（① 　　　　　）して，一次側に定格周波数の電圧を加える。このとき，一次電流 $\dot{I}_{1s}[\mathrm{A}]$ の大きさが，定格一次電流 $\dot{I}_{1n}[\mathrm{A}]$ の大きさと等しくなったときの供給電圧 $\dot{V}_{1Z}[\mathrm{V}]$ を（② 　　　　　　　　　）という。短絡インピーダンス $\%Z[\%]$ は，この $\dot{V}_{1Z}[\mathrm{V}]$ と定格一次電圧 $\dot{V}_{1n}[\mathrm{V}]$ の比の百分率で表され，次のようになる。

$$\%Z = \frac{V_{1Z}}{V_{1n}} \times 100 = \sqrt{\left(\frac{r_{12}I_{1n}}{V_{1n}}\right)^2 + \left(\text{③ }\qquad\right)^2} \times 100 = \sqrt{p^2 + (\text{④ }\qquad)^2}$$

2 変圧器について，次の問いに答えよ。

(1) 電圧 $3\,000/100\ \mathrm{V}$，各巻線の抵抗およびリアクタンス $r_1 = 5\ \Omega$，$r_2 = 0.01\ \Omega$，$x_1 = 4\ \Omega$，$x_2 = 0.004\ \Omega$，定格容量 $20\ \mathrm{kV \cdot A}$ の変圧器がある。次式より短絡インピーダンス $\%Z[\%]$ を求めよ。

$$a = (\text{① }\qquad), \quad r_{21} = \frac{r_1}{a^2} + r_2 = \frac{5}{(\text{① }\quad)^2} + 0.01 = (\text{② }\qquad)\Omega$$

$$x_{21} = \frac{x_1}{a^2} + x_2 = \frac{4}{(\text{① }\quad)^2} + 0.004 = (\text{③ }\qquad)\Omega$$

$$I_{2n} = \frac{P}{V_{2n}} = \frac{(\text{④ }\qquad)}{100} = (\text{⑤ }\quad)\mathrm{A}$$

$$p = \frac{r_{21}I_{2n}}{V_{2n}} \times 100 = \frac{(\text{② }\qquad) \times (\text{⑤ }\qquad)}{100} \times 100 = (\text{⑥ }\qquad)\%$$

$$q = \frac{x_{21}I_{2n}}{V_{2n}} \times 100 = \frac{(\text{③ }\qquad) \times (\text{⑤ }\qquad)}{100} \times 100 = (\text{⑦ }\qquad)\%$$

$$\%Z = \sqrt{p^2 + q^2} = \sqrt{(\text{⑥ }\qquad)^2 + (\text{⑦ }\qquad)^2} = (\text{⑧ }\qquad)\%$$

(2) 百分率抵抗降下 2.8%，百分率リアクタンス降下 3.8% の単相変圧器において，力率 80% における電圧変動率 $\varepsilon_{80}[\%]$ を求めよ。

$$\varepsilon_{80} = 2.8 \times (\text{① }\qquad) + (\text{② }\qquad) \times (\text{③ }\qquad) = (\text{④ }\qquad)\%$$

(3) 一次定格電圧 $5\,000\ \mathrm{V}$，容量 $20\ \mathrm{kV \cdot A}$ の変圧器がある。短絡インピーダンス $\%Z$ は 5% である。一次短絡電流 $I_s[\mathrm{A}]$ を求めよ。

$$I_{1n} = \frac{(\text{① }\qquad)}{(\text{② }\qquad)} = (\text{③ }\quad)\mathrm{A} \ , \quad I_s = \frac{(\text{④ }\qquad) \times (\text{⑤ }\qquad)}{(\text{⑥ }\qquad)} = (\text{⑦ }\quad)\mathrm{A}$$

2　変圧器の損失と効率(1)　(教科書 p. 92〜95)

学習のポイント

1. 変圧器の内部に生じる損失には，大別して**無負荷損**と**負荷損**がある。

2. 無負荷損および負荷損を測定するのに，**無負荷試験**および**短絡インピーダンス試験**がある。

1　変圧器の損失について，次の(　)に適切な語句を書き入れよ。

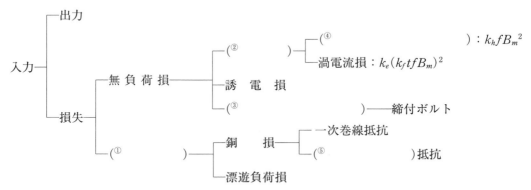

2　変圧器について，次の(　)に適切な語句または数値を書き入れよ。

(1)　ヒステリシス損 P_h [W/kg]および渦電流損 P_e [W/kg]は，次の式で表される。

$$P_h = k_h f B_m{}^2, \quad P_e = k_e (k_f t f B_m)^2$$

ただし，k_h, k_e は材料による定数である。上式の B_m [T]は(① 　　　　)の最大値，f [Hz]は(② 　　　　)，t [m]は(③ 　　　　)，k_f は電圧の(④ 　　　　)である。

(2)　無負荷試験とは，変圧器の(① 　　　　)の回路を無負荷にして，低圧側の回路に定格電圧を加え，このときの電流と(② 　　　　)を測定し，変圧器に負荷をかけないで行う試験である。

(3)　短絡インピーダンス試験とは，変圧器の二次側(低圧側)を(① 　　　　)し，一次側に定格周波数の電圧を加えて，一次側の電流が，(② 　　　　)電流になったときの(③ 　　　　)と(④ 　　　　)の測定を行う試験である。このときの電圧を(⑤ 　　　　)，電力を(⑥ 　　　　)という。

2　変圧器の損失と効率(2)　（教科書 p.95〜97）

学習のポイント

1. 効率には，**実測効率**と**規約効率**があるが，変圧器では規約効率が標準である。
2. 変圧器の最大効率は，**鉄損＝銅損**となるような負荷において生じる。
3. **全日効率** η_d [%]は，右の式で表される。　　$\eta_d = \dfrac{1日の出力電力量[kW\cdot h]}{1日の入力電力量[kW\cdot h]} \times 100$

1 変圧器の損失と効率について，次の（　）に適切な語句または数値を書き入れよ。

(1) 変圧器の効率には，出力と入力の測定値を用いて計算した(①　　　)効率と，規格で定められた方法によって損失を決めて算出する(②　　　)効率とがある。

(2) 変圧器の効率 η [%]は，次の式で示される。

$$\eta = \frac{出力}{出力＋損失} \times 100 = \frac{(①\qquad)}{V_{2n}I_2\cos\theta + P_i + r_{21}I_2{}^2} \times 100$$

鉄損 P_i は，負荷の大きさに関係なく(②　　　)である。

2 右の図は，変圧器の損失と効率の関係を示したものである。

(1) 図中の（　）に適切な語句を書き入れよ。

(2) 次の文の（　）に適切な語句や数値を書き入れよ。

図から，変圧器の効率は

(①　　　　　) ＝ (②　　　　　)のときに

(③　　　　　)を示すことがわかる。

変圧器は，つねに全負荷では運転されない。実際には，全負荷時の(④　　　) %の負荷のときに(⑤　　　)効率が得られるように設計されている。

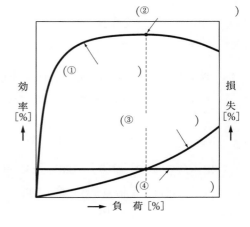

3 定格容量 20 kV·A，鉄損 200 W，全負荷銅損 400 W の変圧器がある。全負荷における効率を求めよ。ただし，力率は 80 %とする。

2 　変圧器の損失と効率(3)　（教科書 p. 95〜97）

1　定格容量 50 kV・A，鉄損 300 W，全負荷銅損 700 W の変圧器がある。この変圧器を 1 日のうち，無負荷で 10 時間，力率 100 %の $\frac{1}{2}$ 負荷で 6 時間，力率 80 %の全負荷で 8 時間運転したときの全日効率を求めよ。

2　定格容量 50 kV・A，無負荷損 $P_i = 600$ W，全負荷損 $P_c = 1\,200$ W の変圧器がある。負荷力率 90 %のとき，$\frac{1}{2}$ および $\frac{3}{4}$ 負荷時の P_i と P_c を求めよ。

$\frac{1}{2}$ 負荷のとき $P_{i\frac{1}{2}}$，$P_{c\frac{1}{2}}$ は，

$P_{i\frac{1}{2}} = P_i = (^①\qquad)$W

$P_{c\frac{1}{2}} = x^2 P_c = \left(\frac{1}{2}\right)^2 \times (^②\qquad)$

$\qquad = (^③\qquad)$W

$\frac{3}{4}$ 負荷のとき $P_{i\frac{3}{4}}$，$P_{c\frac{3}{4}}$ は，

$P_{i\frac{3}{4}} = P_i = (^①\qquad)$W

$P_{c\frac{3}{4}} = (^④\qquad)^2 \times (^②\qquad)$

$\qquad = (^⑤\qquad)$W

3　容量 10 kV・A，$P_i = 120$ W，$P_c = 400$ W の変圧器において，1)全負荷効率 η，2)最大効率を示すときの負荷の大きさ P_i，および 3)最大効率 η_{x0} を求めよ。ただし，力率は 100 %である。

1)　$\eta = \dfrac{(^①\qquad)}{(^①\qquad) + 120 + 400} \times 100 = (^②\qquad)$%

2)　$P_i = x^2 P_c$　より，　$120 = x^2 \times 400$　よって，　$x = \sqrt{\dfrac{120}{400}} = (^③\qquad)$

全負荷の x 倍のとき，最大効率となる。

よって，　$x \times 10 = (^④\qquad)$kV・A $= (^⑤\qquad)$V・A

3)　$\eta_{x0} = \dfrac{(^⑤\qquad)}{(^⑤\qquad) + 120 + (^⑥\qquad)} \times 100 = (^⑦\qquad)$%

4　容量 200 kV・A の変圧器において，定格負荷での鉄損が 2 kW，銅損が 3 kW である。この変圧器の 1 日の運転状況は，全負荷で 4 時間，$\frac{1}{2}$ 負荷で 8 時間，残りの 12 時間は無負荷である。この変圧器の全日効率を求めよ。ただし，負荷力率は 90 %とする。

1 日の出力電力量 $= 200 \times (^①\qquad) \times 1 \times (^②\qquad) + 200 \times (^①\qquad) \times (^③\qquad) \times (^④\qquad) = (^⑤\qquad)$kW・h

1 日の鉄損電力量 $= 2 \times (^⑥\qquad) = (^⑦\qquad)$kW・h

1 日の銅損電力量 $= 3 \times 4 + (^③\qquad)^2 \times 3 \times 8 = (^⑧\qquad)$kW・h

全日効率 $= \dfrac{(^⑤\qquad)}{(^⑤\qquad) + (^⑦\qquad) + (^⑧\qquad)} \times 100 = (^⑨\qquad)$%

3　変圧器の温度上昇と冷却　（教科書 p. 98〜101）

──── **学習のポイント** ────

1. 運転中の変圧器は，損失のため温度が上昇する。器内の油には，**絶縁**と**冷却**の役目がある。

2. 変圧器の温度上昇を一定値以下にするために，いろいろな冷却方法が工夫されている。

1 変圧器の温度上昇について，次の文の（　　）に適切な語句または数値を書き入れよ。

(1) 変圧器に負荷を接続すると，内部に鉄損や（① 　　　　　）を生じ，温度が上昇する。この温度が，変圧器内部の絶縁物の（② 　　　　　　　）温度を超えないように冷却する必要がある。

(2) 変圧器の温度の測定には，（① 　　　　　　　　）を用いて，ブリッジなどで測定する方法と，温度計を用いる方法がある。

(3) 配電用 6 kV 油入変圧器の温度上昇限度は，巻線部分，油部分ともに用いる絶縁紙が普通紙の場合は（① 　　　　）K，耐熱紙の場合は巻線部分では（② 　　　　）K，油部分では（③ 　　　　）K と決められている。

(4) 負荷損は，（① 　　　　）によって変化する。そのため，電気機器の試験では，75 ℃を（② 　　　　　　）としているから，P_s や r_{12} は温度補正を行う必要がある。

75 ℃における抵抗値は，次式で計算する。

$$R_{75} = \frac{(③ \quad\quad)}{235 + t} \times R_t$$

$R_t[\Omega]$：$t[℃]$のときの抵抗
$R_{75}[\Omega]$：75 ℃のときの抵抗

(5) 変圧器油は，変圧器本体を浸し，巻線の（① 　　　　　　）を高めるとともに，（② 　　　　）することによって温度上昇を防ぐものである。したがって，次の条件を満たすことが必要である。

1) 絶縁（③ 　　　）が大きいこと。

2) 引火点が（④ 　　　）こと。

3) （⑤ 　　　）点が低いこと。

4) 化学的に（⑥ 　　　）であること。

5) 高温でも（⑦ 　　　）しないこと。

6) （⑧ 　　　）作用が大きいこと。

7) （⑨ 　　　）への影響が少ないこと。

2 変圧器の冷却について，次の文の（　　）に適切な語句を書き入れよ。

(1) 油入変圧器では，（① 　　　　）の変動に伴って，油の（② 　　　　）は上下し，油の膨張・（③ 　　　）を繰り返す。そのため，（④ 　　　　）が変圧器内部に出入りする。これを変圧器の（⑤ 　　　）作用という。

(2) 変圧器油は，油面に接触する空気中の酸素によって酸化する。これを防ぐために（① 　　　　　　　）を用いている。また，器内に侵入する大気中の湿気は，乾燥剤を用いた（② 　　　　　）で除去している。

3 変圧器の結線 （教科書 p. 103〜111）

1 並列結線 （教科書 p. 103〜106）

学習のポイント

1. 変圧器の極性には，**減極性**と**加極性**があり，日本では減極性が標準である。

2. 変圧器の並列接続，または三相結線の場合，極性が一致していることが必要である。

1 変圧器の極性について，次の文の（　）に適切な語句を書き入れよ。

(1) 変圧器の極性とは，一次，二次の各巻線に誘導される起電力の($①$　　　　　)な方向を表すもので，変圧器を($②$　　　　　)したり，($③$　　　　　)をするときに必要である。

(2) 変圧器を並列に接続する場合，各巻線の起電力の向きが($①$　　　　　)になるようにする。もし，反対になるように接続すると，二次側を($②$　　　　　)することになり，非常に大きな($③$　　　　　)電流が流れて，巻線を($④$　　　　　)することになる。

(3) 右図の二次側を正しく接続せよ。

2 次の文の（　）に適切な語句または記号を書き入れよ。

(1) 右図について，次の問いに答えよ。

1) 電圧計の指示が次の場合の極性を答えよ。

$V_3 = V_1 - V_2$　のときは($①$　　　　　)

$V_3 = V_1 + V_2$　のときは($②$　　　　　)

2) 減極性の変圧器において，$V_1 = 100$ V，$V_2 = 20$ V であった。V_3 は何ボルトを指示するか。($③$　　　　)V

(2) 単相変圧器の外箱の端子記号は，一次端子は，一次端子側からみて右から左に($①$　　　)，($②$　　　　)の順につける。二次端子は，二次端子側からみて左から右へ($③$　　　　)，($④$　　　　)の順につける。

(3) 日本では，変圧器の極性は($①$　　　　)が標準である。

3 次の文は，単相変圧器を並行運転するときの条件である。（　）に適切な語句を書き入れよ。

(1) 各変圧器の($①$　　　　)が($②$　　　　)していること。

(2) 各変圧器の($①$　　　　)が($②$　　　　)こと。

(3) 各変圧器の($①$　　　　)と($②$　　　　)の比($③$　　　)が($④$　　　　)こと。

(4) 各変圧器の($①$　　　　　　)が($②$　　　　)こと。

2　三相結線(1)　（教科書 p. 107〜108）

── 学習のポイント ──

1. 単相変圧器 3 台または 2 台で三相結線された一組を**バンク**という。

2. △-△結線　　**線間電圧＝相電圧**　　　　**線電流＝$\sqrt{3}$ ×相電流**

1 変圧器の△-△結線について，次の問いに答えよ。

(1) 次の文の（　）に適切な語句を書き入れよ。

1) 変圧器の一次・二次とも($①$　　　　)結線したものを△-△結線という。

2) この結線法は，変圧器の相巻線に流れる電流が線電流の($②$　　　　)となり，一次側線間電圧と二次側線間電圧が($③$　　　　)となる。

3) また，この結線法は，線間電圧と変圧器の相巻線の電圧が($④$　　　　)く，高圧用としては絶縁の点で不利であるため，($⑤$　　　　)変圧器に用いられる。

4) 単相変圧器 3 台を用いて，この結線方法で三相結線をしているとき，1 台が故障しても残りの 2 台で運転が($⑥$　　　　)である。ただし，容量は 3 台分の容量の($⑦$　　　　)となる。

5) 右図の結線を完結せよ。

(2) 巻数比 15，容量 20 kV・A，二次定格電圧 200 V の
単相変圧器 3 台を△-△結線したとき，次の値を求めよ。

1) 三相容量(P_3)

2) 一次線間電圧(V_1)

3) 一次・二次巻線の相電流と線電流
　　(I_{2P}, I_2, I_{1P}, I_1)

　　1)　$P_3 = 3 \times ($①$　　　) = ($②$　　　)$kV·A

　　2)　$V_1 = aV_2 = ($③$　　　) \times ($④$　　　)$
　　　　　$= ($⑤$　　　)$V

　　3)　$I_{2P} = \dfrac{(⑥\qquad\qquad)}{200} = ($⑦$　　　)$A

　　　　$I_2 = \sqrt{3}\,I_{2P} = \sqrt{3} \times ($⑦$　　　) = ($⑧$　　　)$A

　　　　$I_{1P} = \dfrac{I_{2P}}{a} = \dfrac{(⑦\qquad\qquad)}{15} = ($⑨$　　　)$A

　　　　$I_1 = \sqrt{3}\,I_{1P} = \sqrt{3} \times ($⑨$　　　) = ($⑩$　　　)$A

△-△結線

2　三相結線(2)　（教科書 p. 108〜110）

—— 学習のポイント ——

1. △−Y 結線は，送電線の送電端などのように，**電圧を高く**する場合に用いられる。

2. Y−△ 結線は，送電線の受電端などのように，**電圧を低く**する場合に用いられる。

1 変圧器の △−Y 結線について，次の問いに答えよ。

(1) 次の文の（　）に適切な語句を書き入れよ。

各変圧器の一次側を$(^{①}\qquad)$結線，二次側を$(^{②}\qquad)$結線したものを変圧器の△−Y結線という。

(2) 右図の結線を完結せよ。

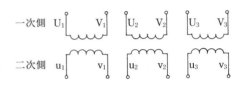

(3) 3 150/210 V，容量 10 kV·A の単相変圧器 3 台を用いて，△−Y 結線して負荷に 10 Ω の抵抗を Y 接続し，一次側に 3 150 V を加えたとき，一次線電流・一次相電流・二次線電流・二次線間電圧を求めよ。

二次線間電圧 V_{2l}，二次線電流 I_2，一次相電流 I_{1P}，一次線電流 I_1 とすると，

$$V_{2l} = \sqrt{3}\,V_2 = \sqrt{3} \times (^{①}\qquad) = (^{②}\qquad)\,\text{V}$$

$$I_2 = \frac{V_2}{R} = \frac{(^{①}\qquad)}{(^{③}\qquad)} = (^{④}\qquad)\,\text{A}$$

$$I_{1P} = I_2\frac{1}{a} = (^{④}\qquad) \times \frac{1}{(^{⑤}\qquad)} = (^{⑥}\qquad)\,\text{A}$$

$$I_1 = \sqrt{3}\,I_{1P} = \sqrt{3} \times (^{⑥}\qquad) = (^{⑦}\qquad)\,\text{A}$$

2 変圧器の Y−△ 結線について，次の問いに答えよ。

(1) 次の文の（　）に適切な語句を書き入れよ。

各変圧器の一次側を$(^{①}\qquad)$結線，二次側を$(^{②}\qquad)$結線したものを変圧器のY−△結線という。

(2) 右図の結線を完結せよ。

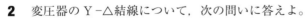

(3) **1**−(3)の結線を Y−△ 結線した場合の二次電圧・二次相電流・二次線電流・一次線電流を求めよ。

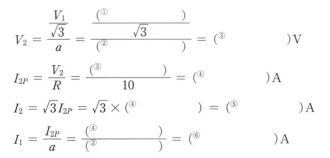

$$V_2 = \frac{\frac{V_1}{\sqrt{3}}}{a} = \frac{\frac{(^{①}\qquad)}{\sqrt{3}}}{(^{②}\qquad)} = (^{③}\qquad)\,\text{V}$$

$$I_{2P} = \frac{V_2}{R} = \frac{(^{③}\qquad)}{10} = (^{④}\qquad)\,\text{A}$$

$$I_2 = \sqrt{3}\,I_{2P} = \sqrt{3} \times (^{④}\qquad) = (^{⑤}\qquad)\,\text{A}$$

$$I_1 = \frac{I_{2P}}{a} = \frac{(^{④}\qquad)}{(^{②}\qquad)} = (^{⑥}\qquad)\,\text{A}$$

2 **三相結線(3)** （教科書 p. 109〜111）

┌─ **学習のポイント** ─────────────────────────────
1. Y−Y 結線　　線間電圧＝$\sqrt{3}$ ×相電圧　　線電流＝相電流
2. Y−Y 結線では，第 3 調波のため電圧波形がひずむ。
3. V−V 結線は，△−△結線から 1 台の変圧器を取り除いた結線である。
4. V 結線のバンクの出力 P_V[W]は，二次側の定格電流 I_n[A]，定格電圧 V_n[V]とすると，$P_V = \sqrt{3}\,I_n V_n \cos\theta$ である。
5. V 結線の利用率は 0.866，容量比は 0.577 である。
└──

1 変圧器の Y−Y 結線について，次の文の（　）に適切な語句を書き入れよ。

(1) 変圧器の一次・二次とも（①　　　）結線したものを Y−Y 結線という。
　　この結線法では，（②　　　）調波の流れる回路がないため，電圧（③　　　）がひずみ，通信線に（④　　　）を与える。

(2) 右図の結線を完結させよ。

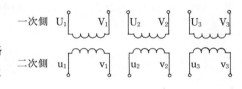

2 変圧器の V−V 結線について，次の問いに答えよ。
(1) 図(a)の 2 台の変圧器を V−V 結線にせよ。
(2) 図(b)において，線間電圧と相巻線の電圧の関係は，次のようになる。（　）内に適切な記号を書き入れよ。
　　$\dot{V}_{uv} = ($①　　　$)$
　　$\dot{V}_{vw} = ($②　　　$)$
　　$\dot{V}_{wu} = -(($③　　　$)) = -(($④　　　$))$
(3) 図(c)のベクトル図の（　）に適切な記号を書き入れよ。

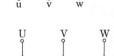
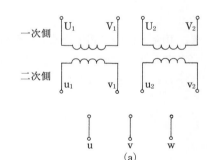

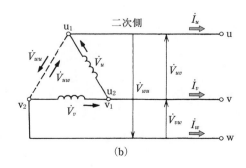
(b)

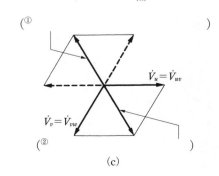
(c)

2　三相結線(4)　(教科書 p.109～111)

1　変圧器の V–V 結線について，次の文の(　)に適切な語句・記号または数値を書き入れよ。

(1)　V 結線では，線電流は(^{①}　　　)電流に等しい。

したがって，V_n[V]，I_n[A]を変圧器の定格電圧および(^{②}　　　　　　)とすると，バンク容量は，$\sqrt{3} \times ($^{③}　　　　)になる。

$V_n I_n$ は変圧器1台の定格容量なので，バンク容量は(^{④}　　　　　　)の$\sqrt{3}$倍になる。

(2)　変圧器の利用率および容量比は，次のようになる。ただし，変圧器1台の容量を P とする。

$$利用率 = \frac{\text{V結線のバンク容量}}{\text{V結線の設備容量}} = \frac{(^①\qquad)}{(^②\qquad)} = (^③\qquad\qquad)$$

$$容量比 = \frac{\text{V結線のバンク容量}}{\text{△結線のバンク容量}} = \frac{(^④\qquad)}{(^⑤\qquad)} = (^⑥\qquad\qquad)$$

2　容量 50 kV·A の単相変圧器2台を用いて，V–V 結線した。バンク容量 P[kV·A]はいくらか。

3　100 kV·A の単相変圧器2台を用いて V 結線にした。供給可能な最大負荷[kW]はいくらか。ただし，負荷の力率は0.8とする。

4　10 kV·A の単相変圧器3台を用いて△結線で電力を供給しているとき，1台が故障したので取り除き，V 結線となった。この場合の負荷が 24 kV·A であるとすれば，V 結線の変圧器は何％の過負荷となるか。

4 各種変圧器 （教科書 p. 113〜123）

1 三相変圧器　2 特殊変圧器 （教科書 p. 113〜119）

> **学習のポイント**
>
> **1.** 送電系統などに用いられる大電力用の変圧器は，ほとんど三相変圧器である。
>
> **2.** 特殊変圧器には，**単巻変圧器，三巻線変圧器，磁気漏れ変圧器，スコット結線変圧器**などがある。

1 三相変圧器には，次に示すような利点がある。（　　）に適切な語句を書き入れよ。

1) 鉄心材料が少なくてすみ，重量が（① 　　　　　）できる。

2) すえつけの（② 　　　　　）が小さくてすむ。

3) ブッシングや（③ 　　　　　）の量が少なく，（④ 　　　　　）も安い。

4) 結線が（⑤ 　　　　　）である。

2 単巻変圧器について，次の文の（　　）に適切な語句・数値または記号を書き入れよ。

(1) 右図において，巻線 ab は（① 　　　　　）巻線，巻線 bc は（② 　　　　　）巻線という。

単巻変圧器は，一次巻線と二次巻線が共通であるため，（③ 　　　　　）が少なく，したがって電圧変動率も（④ 　　　　　）。

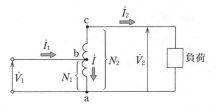

(2) 自己容量 P_s [V·A] は，（（① 　　　　　）−（② 　　　　　））I_2 で表され，負荷容量 P_l [V·A] は（③ 　　　　　）で表される。

(3) 自己容量 20 kV·A の単巻変圧器を用いて，6 000 V を 6 600 V に昇圧している。負荷力率を 80％とすると，出力 P [kW] はいくらか。

3 特殊変圧器について，次の文の（　　）に適切な語句を書き入れよ。

(1) 一つの変圧器に三つの巻線をもつ変圧器を（① 　　　　　）変圧器といい，一次巻線に入力を，二次巻線には負荷を接続し，三次巻線には調相機や（② 　　　　　）などを接続して，送電線の電圧調整や（③ 　　　　　）の改善に使用する。

(2) 磁気漏れ変圧器は，負荷電流が増加すると（① 　　　　　）が増加し，二次端子電圧が急激に（② 　　　　　）して，負荷電流が一定に保たれる。このように磁気漏れ変圧器は，（③ 　　　　　）特性をもつため，（④ 　　　　　）安定器，（⑤ 　　　　　）用変圧器，（⑥ 　　　　　）用変圧器などに用いられる。

(3) 三相 3 線式の電源から，大容量の単相負荷に電力を（① 　　　　　）だけから供給する場合，三相電源に（② 　　　　　）を生じる。三相式を二相式に（③ 　　　　　）すると，三相電源に平衡負荷をかけることができる。三相から二相に変換できる変圧器を（④ 　　　　　）変圧器という。

3 計器用変成器 （教科書 p. 120～123）

── 学習のポイント ──

1. 計器用変成器を用いると，高電圧や大電流の測定が通常の計器で測定できる。

2. 計器用変成器には，**変流器**（CT）と**計器用変圧器**（VT）がある。

3. 通電中に CT の二次側から計器を取り外す場合は，必ず**二次側を短絡**しておく。

1 計器用変成器について，次の文の（　）に適切な語句・数値または記号を書き入れよ。

(1) 送配電系統の（①　　　　　　）を測定する場合，一般の電流計で直接はかることはできないので，ある種の変圧器を通じて電流を測定する。この目的で使用する変圧器のことを（②　　　　　　）（CT）という。したがって，電流計の読みに（③　　　　　　）を掛けたものが測定電流の値である。

(2) 通電中に CT の（①　　　　　　）から計器を取り外す場合には，必ず二次側を（②　　　　　　）しておく。二次側を開放のままで，一次側に電流を流すと，（③　　　　　　）が発生し，危険である。

(3) （①　　　　　　）を測定する場合に用いる変圧器を（②　　　　　　）（VT）という。

(4) 変成器から負荷に供給される（①　　　　　）電力を負担という。

(5) VT および CT の二次側は，必ず（①　　　　）して使用しなければならない。

(6) 右図において，電圧計の指示は 98 V，電流計の指示は 2 A，電力計は 160 W であった。

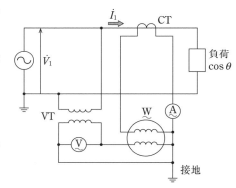

高圧回路の V_1，I_1，W および $\cos\theta$ を求めよ。ただし，変圧比 $K_{VT} = 33$，変流比 $K_{CT} = 20$ とする。

$V_1 = K_{VT} V_2 = (①\qquad\qquad)$ V

$I_1 = K_{CT} I_2 = (②\qquad\quad)$ A

$W = P K_{VT} K_{CT} = (③\qquad\qquad)$ kW

$\cos\theta = \dfrac{W}{V_1 I_1} = (④\qquad\quad)$

2 計器用変成器を用いる利点について，次の文の（　）に適切な語句または数値を入れよ。

(1) 大電流や高電圧を測定する場合，CT，VT を用いると，最大目盛が（①　　　　　）A，（②　　　　　　）V の通常の電流計や電圧計が使用できる。また，（③　　　　　）された（④　　　　　　）回路で，測定ができるので安全である。

(2) 二次回路を延長すれば，遠隔地で（①　　　　　）電流・（②　　　　　）電圧の測定ができ，（③　　　　　　）などに便利である。

第4章　誘導機

1　三相誘導電動機 （教科書 p. 131〜158）

1　三相誘導電動機の原理 （教科書 p. 131〜134）

学習のポイント

1. 一方の巻線が，他方の巻線から電磁誘導作用によるエネルギーを受けて回転する交流機を**誘導機**という。

2. 円周上に三つのコイルを $\frac{2}{3}\pi$ rad の間隔に配置し，三相交流電流を流すと，三相2極の**回転磁界**ができる。

3. 回転磁界の**同期速度** n_s [min^{-1}] は，極数 p，周波数 f [Hz] とすると，$n_s = \frac{120f}{p}$ で表される。

1　下図(a)の誘導電動機の原理について，次の文の（　　）に適切な語句を書き入れよ。

磁石を図の方向に回転させると，円筒導体には（① 　　　　　　）が誘導され，（② 　　　　　　）が流れる。この電流と磁束との間に（③ 　　　　　　）が働き，円筒導体は磁石と（④ 　　　　　　）向きに回転する。

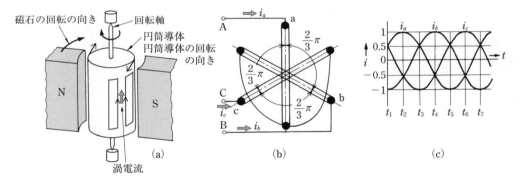

(a)　(b)　(c)

2　上図(b)，(c)の2極の回転磁界について，次の文の（　　）に適切な語句・記号または数値を書き入れよ。

(1)　図(b)のように $\frac{2}{3}\pi$ rad の間隔に配置したコイルに，図(c)のような（① 　　　　　　）交流電流を流すと，時刻 t_1 から t_7 までの電流変化の1周期の間に（② 　　　　　　）も1回転する。

(2)　2極の回転磁界は，f [Hz] の交流を流すと1秒間に（① 　　　　　　）回転する。したがって，50 Hz の交流の場合，回転磁界は1秒間に（② 　　　　　　）回転する。

(3)　極数 p と周波数 f [Hz] で決まる回転磁界の回転速度 n_s [min^{-1}] を（① 　　　　　　）という。

3　$f = 60$ Hz，$p = 4$ のときの回転磁界の同期速度 n_s [min^{-1}] を求めよ。

2　三相誘導電動機の構造　(教科書 p. 134〜137)

── 学習のポイント ──

1. 三相誘導電動機の固定子は，固定子枠，鉄心，および巻線からなりたっている。

2. 三相誘導電動機の回転子には，**かご形回転子**と**巻線形回転子**がある。

1　三相誘導電動機について，次の文の（　　）に適切な語句または数値を書き入れよ。

(1)　図1(a)は厚さ（①　　　　　）mm，または（②　　　　　）mm の電磁鋼板であり，巻線を収める（③　　　　　）が打ち抜いてある。これを図(b)のように積み重ねて（④　　　　　）鉄心とし，図(c)の固定子枠で保持する。

(2)　固定子巻線は，三相交流電流を流すコイルである。図(d)のようなコイルに，（①　　　　　）を施して，図(e)のように（②　　　　　）の中に収めている。

2　三相誘導電動機について，次の文の（　　）に適切な語句を書き入れよ。

(1)　かご形回転子鉄心のスロットには，絶縁しないアルミニウムや銅の（①　　　　　）を差し込み，両端を太い銅環で（②　　　　　）してある。

(2)　巻線形回転子は，（①　　　　　）鉄心の外周スロットに，絶縁されたコイルを収め，（②　　　　　）結線を施してある。その回転子巻線の端子は図2のように，（③　　　　　）およびブラシを通じて（④　　　　　）抵抗器に接続されている。

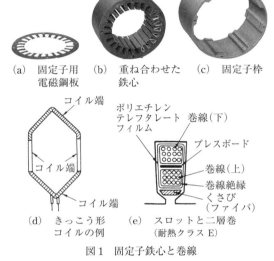

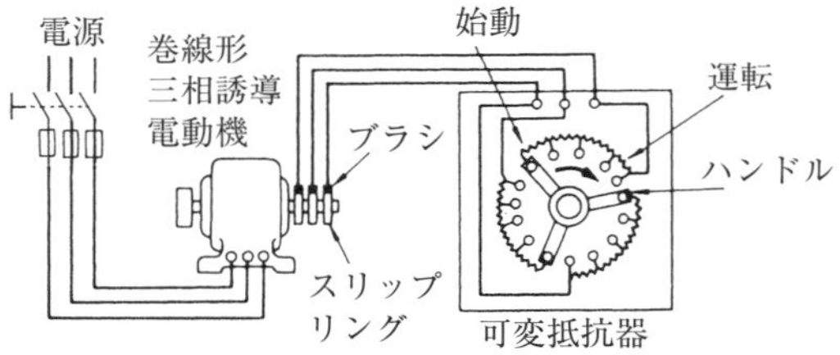

(a)　固定子用　(b)　重ね合わせた　(c)　固定子枠
　　電磁鋼板　　　鉄心

(d)　きっこう形　　(e)　スロットと二層巻
　　コイルの例　　　　（耐熱クラス E）

図1　固定子鉄心と巻線

図2　巻線形三相誘導電動機

3 **三相誘導電動機の理論(1)** （教科書 p. 138～140）

学習のポイント

1. 三相誘導電動機の回転子の回転速度 $n\,[\mathrm{min^{-1}}]$ は，同期速度 $n_s\,[\mathrm{min^{-1}}]$ より小さい。すなわち滑りがある。滑り s は，次の式で表される。

$$s = \frac{\text{同期速度} - \text{回転速度}}{\text{同期速度}} = \frac{n_s - n}{n_s}$$

2. また，回転速度 $n\,[\mathrm{min^{-1}}]$ と滑り s は，次の式で表される。

$$n = n_s(1-s) = \frac{120f}{p}(1-s)$$

3. 回転子が $n\,[\mathrm{min^{-1}}]$ の速度で回転しているとき，滑り（二次）周波数は $sf_1\,[\mathrm{Hz}]$ である。

---

1 三相誘導電動機について，次の文の（　）に適切な数値または記号を書き入れよ。

(1) $f = 50\ \mathrm{Hz}$，$p = 4$ のときの回転磁界の回転速度 n_s は，

$$n_s = \frac{120 \times (^{①}\qquad)}{(^{②}\qquad)} = \frac{(^{③}\qquad)}{(^{②}\qquad)} = (^{④}\qquad)\,\mathrm{min^{-1}}$$

(2) (1)の場合で，回転子の回転数 $n = 1\,440\ \mathrm{min^{-1}}$ であるとき，滑り s は，

$$s = \frac{n_s - n}{n_s} = \frac{(^{①}\qquad) - (^{②}\qquad)}{(^{①}\qquad)} = (^{③}\qquad)\quad \text{よって，}(^{④}\qquad)\,\%$$

(3) 滑り s は，$s = \dfrac{n_2 - n}{n_s}$ である。

この式の両辺に n_s を掛けると，　　　　　　　　　$s \times (^{①}\qquad) = (^{②}\qquad) - n$

n を左辺に，n 以外の項を右辺に移項して，　$n = (^{③}\qquad) - s \times (^{④}\qquad)$

まとめて，　　　　　　　　　　　　　　　　　　$n = (^{⑤}\qquad)(1-s)$

また，$n_s = \dfrac{120f}{p}$ であるから，　　　　　　$n = \dfrac{120f}{p}(1 - (^{⑥}\qquad))$

(4) 6極の三相誘導電動機を周波数 $50\ \mathrm{Hz}$ で使用したとき，滑りが 5% であった。このときの回転子の回転速度 n は，次の順序で求める。

まず，このときの同期速度 n_s は，

$$n_s = \frac{120f}{p} = \frac{120 \times (^{①}\qquad)}{(^{②}\qquad)} = \frac{(^{③}\qquad)}{(^{②}\qquad)} = (^{④}\qquad)\,\mathrm{min^{-1}}$$

よって，回転子の回転速度 n は，

$$n = n_s\,(1-s) = (^{④}\qquad) \times (1 - (^{⑤}\qquad)) = (^{⑥}\qquad)\,\mathrm{min^{-1}}$$

2 上の **1** (4)の場合における滑り周波数を計算し，次の文の（　）に適切な数値を書き入れよ。

$$sf_1 = (^{①}\qquad) \times (^{②}\qquad) = (^{③}\qquad)\,\mathrm{Hz}$$

3　三相誘導電動機の理論(2)　（教科書 p.140〜141）

── 学習のポイント ──

1. 滑り s で逆転している三相誘導電動機において，二次誘導起電力（1相分）sE_2，回転子巻線1相分の抵抗 r_2，1相分の漏れリアクタンス sx_2，のとき，二次電流 I_2 は，次式で表される。

$$I_2 = \frac{sE_2}{\sqrt{r_2{}^2 + (sx_2)^2}} = \frac{E_2}{\sqrt{\left(\dfrac{r_2}{s}\right)^2 + x_2{}^2}}$$

2. 一次負荷電流 $I_1{}'$ と二次電流 I_2 の間の関係は，$I_1{}' = \dfrac{1}{\alpha}I_2$ である。α は誘導電動機の巻数比である。

---

1 三相誘導電動機の電流について，次の文の（　　）に適切な記号または数値を書き入れよ。

(1) 下図(a)から，誘導電動機の二次電流 I_2 を求めるには，二次誘導起電力は（① 　　　　）[V]，二次巻線インピーダンスは，$\sqrt{r_2{}^2 + (sx_2)^2}$ であることから，二次電流 I_2 は，次式で表される。

$$I_2 = \frac{電圧}{インピーダンス} = \frac{(② \qquad)}{\sqrt{(③ \qquad)^2 + (④ \qquad)^2}}$$

この式を変形する（分母，分子を s で割る）と，$I_2 = \dfrac{E_2}{\sqrt{\left(\dfrac{r_2}{s}\right)^2 + x_2{}^2}}$ となる。

この式は，電動機の二次側は図(b)のように，抵抗は（⑤ 　　　　）倍，リアクタンスは一次周波数 f_1[Hz]のときの値（⑥ 　　　　）で表されることを示している。

(2) 誘導電動機が止まっているときは，$s =$（① 　　　　）であるから，二次電流 I_2 は，次式となる。

$$I_2 = \frac{(② \qquad)}{\sqrt{(③ \qquad)^2 + (④ \qquad)^2}}$$

また，誘導電動機の回転子巻線抵抗は，静止状態では（⑤ 　　　　）であるが，回転速度により，（⑥ 　　　　）に変化する。

(3) 二次巻線1相分の起電力 100 V，抵抗 0.05 Ω，リアクタンス 0.04 Ω で，滑り3%で運転している誘導電動機の二次電流 I_2[A]を求めよ。

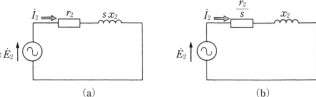

(a)　　　　　　　　　　　(b)

2 上の **1**(3)の誘導電動機の巻数比 $\alpha = 30$ のとき，一次負荷電流 $I_1{}'$ を計算し，（　　）に適切な数値を書き入れよ。

$$I_1{}' = \frac{1}{(① \qquad)} \times (② \qquad) = (③ \qquad)A$$

4 **三相誘導電動機の等価回路(1) （等価回路）** （教科書 p. 141～142）

学習のポイント

1. 誘導電動機も変圧器と同じように，等価回路で表すことができる。

2. 誘導電動機の出力(機械的出力)も，等価回路で求めることができる。

1 次の文の(　　)に適切な語句や記号を書き入れよ。

(1) 滑り s で運転中の誘導電動機(1相分)の回路は，($①$　　　　　)と同じように，下図のような等価回路で表すことができる。

(2) 等価回路において，1相分の二次入力を $P_2'[\mathrm{W}]$，二次銅損を $P_{C2}'[\mathrm{W}]$，出力を $P_o'[\mathrm{W}]$ とすると，次の関係がなりたつ。

$$P_2' = I_2^2(①\qquad) = \frac{P_{c2}'}{s}$$
$$P_o' = P_2' - P_{c2}' = P_2' - sP_2' = ((②\qquad))P_2'$$

(3) 出力 $P_o'[\mathrm{W}]$ は，二次入力 $P_2'[\mathrm{W}]$ から二次銅損 P_{C2}' を引いて求められるので，

$$P_o' = P_2' - P_{c2}' = (①\qquad)^2 \times (②\qquad) - I_2^2 r_2$$
$$= (③\qquad)^2(④\qquad) = I_2^2 R$$

となる。$R\,[\Omega]$ は，($⑤$　　　　　)な負荷を表す($⑥$　　　　　)である。

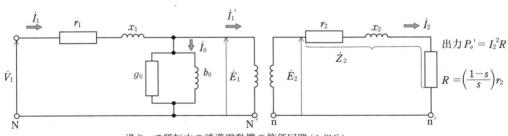

滑り s で運転中の誘導電動機の等価回路（1相分）

4 三相誘導電動機の等価回路⑵ （諸量の計算⑴）（教科書 p. 142〜143）

学習のポイント

簡易等価回路を利用して，誘導電動機の諸量を求める。

1 下図の簡易等価回路において，次の1相分の諸量を求める。（　）に適切な記号を書き入れよ。

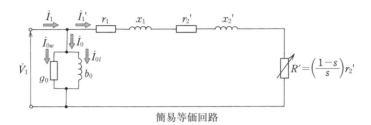

簡易等価回路

(1) 一次負荷電流 I_1'[A]は，

$$I_1' = \frac{\text{一次電圧}}{\text{全インピーダンス}} = \frac{(\text{①}\qquad)}{\sqrt{(\text{抵抗})^2 + (\text{リアクタンス})^2}}$$

$$= \frac{(\text{①}\qquad)}{\sqrt{(\text{②}\qquad)^2 + (\text{③}\qquad)^2}}$$

(2) 励磁電流 I_0[A]は，$I_0 = (\text{一次電圧}) \times (\text{励磁アドミタンス}) = (\text{①}\qquad) \times \sqrt{(\text{②}\qquad\qquad)}$

(3) 一次電流 $\dot{I}_1$[A]は，$\dot{I}_1 = (\text{励磁電流}) + (\text{一次負荷電流}) = (\text{①}\qquad) + (\text{②}\qquad)$

(4) 鉄損 P_i[W]は，$P_i = (\text{一次電圧}) \times (\text{鉄損電流}) = (\text{①}\qquad) \times (\text{②}\qquad)$

$$= (\text{一次電圧})^2 \times (\text{励磁コンダクタンス}) = (\text{③}\qquad)^2 \times (\text{④}\qquad)$$

(5) 一次銅損 P_{c1}[W]は，$P_{c1} = (\text{一次負荷電流})^2 \times (\text{一次巻線抵抗}) = (\text{①}\qquad)^2 \times (\text{②}\qquad)$

(6) 一次入力 P_1[W]は，$P_1 = (\text{鉄損}) + (\text{一次銅損}) + (\text{二次銅損}) + (\text{二次出力})$

$$= (\text{①}\qquad) + (\text{②}\qquad) + (\text{③}\qquad) + (\text{④}\qquad)$$

$$= (\text{一次電圧}) \times (\text{一次電流}) \times (\text{力率}) = (\text{⑤}\qquad\qquad)$$

(7) 二次銅損 P_{c2}[W]は，$P_{c2} = (\text{一次負荷電流})^2 \times (\text{二次巻線抵抗}) = (\text{①}\qquad)^2 \times (\text{②}\qquad)$

$$= (\text{滑り}) \times (\text{二次入力}) = (\text{③}\qquad) \times (\text{④}\qquad)$$

(8) 二次入力 P_2[W]は，$P_2 = (\text{二次銅損}) + (\text{二次出力}) = (\text{①}\qquad) + (\text{②}\qquad)$

$$= I_1'^2 \frac{r_2'}{s} = \frac{V_1^2 \frac{r_2'}{s}}{(\text{③}\qquad)^2 + (\text{④}\qquad)^2}$$

(9) 出力（機械的出力）P_o[W]は，$P_o = I_1'^2 R' = (1 - (\text{滑り})) \times (\text{二次入力}) = (1 - (\text{①}\qquad)) \times (\text{②}\qquad)$

(10) 二次効率 η_0 は，$\eta_0 = \frac{(\text{出力（機械的出力）})}{(\text{二次入力})} = \frac{(\text{①}\qquad)}{(\text{②}\qquad)} = 1 - (\text{滑り}) = 1 - (\text{③}\qquad)$

4 三相誘導電動機の等価回路(3) （諸量の計算(2)） （教科書 p. 142〜144）

学習のポイント

具体的な計算問題の解法を通して，理論式の理解を深めるとともに，計算力を高める。

---

1 三相誘導電動機の二次側を一次側に換算した簡易等価回路の定数について，一次と二次の抵抗は，$r_1 = 0.5\,\Omega$，$r_2' = 0.4\,\Omega$，リアクタンスは，$x_1 = 0.2\,\Omega$，$x_2' = 0.2\,\Omega$ であった。

定格電圧 200 V を加えて，滑り 4% で回転している場合，一次負荷電流 $I_1'[\mathrm{A}]$ を求めよ。

（前ページの理論式を参照）

2 滑り 5%，二次入力 2 kW の三相誘導電動機がある。次の値を求めよ。

(1) 電動機の出力 $P_o[\mathrm{kW}]$

(2) 二次銅損 $P_{c2}[\mathrm{W}]$

(3) 二次効率 $\eta_0[\%]$

3 定格出力 30 kW の三相誘導電動機が全負荷で運転している場合の効率が 88% で，二次銅損が 1 kW であった。次の値を求めよ。

(1) 一次入力 $P_1[\mathrm{kW}]$

(2) 二次入力 $P_2[\mathrm{kW}]$

4 200 V，50 Hz，4 極，20 kW の三相誘導電動機があり，全負荷時の回転速度が $1\,440\,\mathrm{min}^{-1}$ である。次の値を求めよ。

(1) 滑り $s[\%]$

(2) 二次入力 $P_2[\mathrm{kW}]$

(3) 二次効率 $\eta_0[\%]$

5　三相誘導電動機の特性(1)　(教科書 p.144〜145)

学習のポイント

1. 誘導電動機は，負荷に対して速度の変化が少ない**定速度電動機**である。

2. 滑りに対する一次電流・二次出力・力率・効率の関係を**速度特性**という。

3. 回転速度を $n[\mathrm{min}^{-1}]$ とすると，誘導電動機のトルク $T[\mathrm{N \cdot m}]$ と，二次出力 $P_o[\mathrm{W}]$，二次入力 $P_2[\mathrm{W}]$ との間には，次の関係がある。

$$T = \frac{60}{2\pi} \cdot \frac{P_o}{n} \qquad P_2 = 2\pi \frac{n_s}{60} T$$

ここで，この P_2 は，誘導電動機が滑り s でトルク T を発生し，同期速度 n_s で回転しているものと考えたときの出力を表しており，**同期ワット**とよばれる。

1　三相誘導電動機の特性について，次の文の(　　)に適切な語句または記号を書き入れよ。

(1)　図のように，三相誘導電動機は，無負荷時と(^{①}　　　　　)時の回転速度の差が(^{②}　　　　)い。このことから，三相誘導電動機は(^{③}　　　　　)電動機とみることができる。

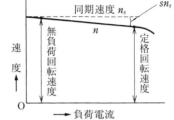

(2)　トルク T と二次入力 P_2 との関係を，$P_2 = \frac{2\pi n_s}{60} T$ で表すとき，二次入力 P_2 は同じトルクのもとで，(^{①}　　　　　)速度で回転しているときの(^{②}　　　　　　)を表している。これを(^{③}　　　　)ワットという。

2　極数 $p = 4$，周波数 $f = 50\,\mathrm{Hz}$，出力 $P_o = 5.5\,\mathrm{kW}$ の誘導電動機があり，滑り $s = 4\%$ で回転している。次の問いに答えよ。

(1)　同期速度 $n_s[\mathrm{min}^{-1}]$ を求めよ。

(2)　回転速度 $n[\mathrm{min}^{-1}]$ を求めよ。

(3)　トルク $T[\mathrm{N \cdot m}]$ を求めよ。

(4)　同期ワット $P_2[\mathrm{kW}]$ を求めよ。

5 三相誘導電動機の特性(2) （教科書 p. 146〜149）

— 学習のポイント —

1. 滑りとトルクの関係を表す曲線を**トルク速度曲線**という。
2. 二次巻線抵抗の値を変化させれば，トルク−速度曲線が比例して推移する。この曲線の推移のしかたを**比例推移**といい，巻線形誘導電動機ではこの性質を利用して，始動時に最大トルクを得ることができる。

1 下図の三相誘導機のトルク速度曲線について，次の問いに答えよ。

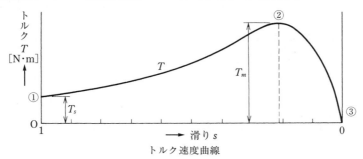

トルク速度曲線

(1) 図の T_s, T_m は何とよばれているか。

T_s (①　　　　　　　　　) 　 T_m (②　　　　　　　) または (③　　　　　　　　)

(2) 次の文の（　）に適切な語句を書き入れよ。

図において，点①から点②までは，滑り s にほぼ (①　　　　) してトルクは (②　　　) し，点②から点③の間は，(③　　　) s にほぼ比例して (④　　　) し，点③ではトルクが 0 となる。

2 三相誘導電動機のトルクの比例推移について，次の文の（　）に適切な語句または記号を書き入れよ。

右図において，$r_2{}'$（二次巻線の抵抗）の値が 2 倍, 3 倍と (①　　　　) なると，トルク速度曲線は (②　　　) s の大きいほうへ移動する。s の値はつねに (③　　　) に比例して推移するので，この曲線の (④　　　) のしかたを (⑤　　　　　) という。三相巻線形誘導電動機では，この性質を利用すると始動時に (⑥　　　) トルクを得ることができる。

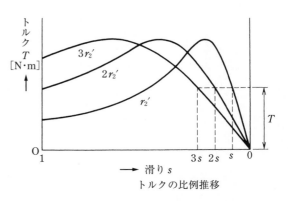

トルクの比例推移

6　三相誘導電動機の運転　(教科書 p.150〜155)

学習のポイント

1. 三相誘導電動機の始動時は，大きな始動電流が流れる。この始動電流を制限するために，① 全電圧始動法，② Y−△始動法，③ 始動補償器法などの始動法がある。

2. 三相誘導電動機の速度制御には，① $\dfrac{V}{f}$ 一定制御，② ベクトル制御，③ 二次抵抗による制御，④ 一次電圧による制御，⑤ 極数変換による制御などの方法がある。

3. 三相誘導電動機の回転方向を逆向きにするには，電源の3線のうち，いずれか2線を入れ換えればよい。

1　三相かご形誘導電動機の始動法の説明において，(　　)に適切な語句または記号を書き入れよ。

(1)　三相誘導電動機は，二次側を短絡した(①　　　　)と同様に考えられるので，始動時に一次側に定格電圧を加えると，大きな(②　　　　)が流れる。とくに容量が大きな場合は，電源に対して電圧降下などの悪影響がある。3.7kW以下の小容量のかご形誘導電動機では，配電線に対する影響も少ないので，直接(③　　　　)電圧を加えて始動する。

(2)　図1 (a)は，Y−△始動法といわれるもので，始動時には一次巻線を(①　　　　)結線とする。そうすると，線電流は全電圧始動時の(②　　　　)となり，始動電流が制限される。また，運転時は(③　　　　)結線に切り換え全電圧を加える。

(3)　図2は，三相単巻変圧器を用いて，変圧器の(①　　　　)を切り換え，始動時の電圧を(②　　　　)電圧にする。なお，運転時にはスイッチSを切り換えて，(③　　　　)電圧を加える。

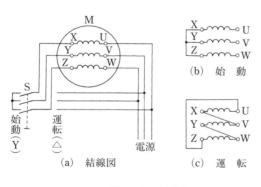

図1　Y−△始動法

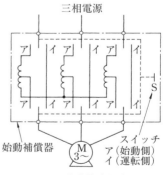

図2　始動補償器法

2　三相誘導電動機の速度制御について，次の文の(　　)に適切な語句を書き入れよ。

(1)　誘導電動機に加える電源の(①　　　　)を変えて速度制御を行う場合の電源装置には，(②　　　　　　　)電源装置や(③　　　　　　　　　)などがある。

(2)　巻線形誘導電動機では，(①　　　　　)を利用して(②　　　　)を変えて，速度制御を行う。

(3)　誘導電動機に加える(①　　　　)を変えることにより，滑りを変えて，速度制御を行う。

(4)　固定子巻線の接続を変更して(①　　　　)を切り換えて，速度制御を行う。

7 等価回路法による回路定数の測定 （教科書 p. 155～157）

学習のポイント

1. 誘導電動機の特性を表す回路定数は，等価回路法によって求められる。

2. 等価回路の諸量は，巻線抵抗の測定・無負荷試験・拘束試験から算出される。

---

1 定格電圧 $V_n = 200\,\text{V}$，定格一次電流 $I_n = 8.5\,\text{A}$，定格出力 $P_o = 2.2\,\text{kW}$，極数 $p = 4$，周波数 $f = 50\,\text{Hz}$ の三相かご形誘導電動機の特性試験をしたところ，下表のような結果を得た。この結果から，一次換算した等価回路を作成するための諸量(1)～(3)を求めよ。ただし，基準巻線温度 T は $75\,℃$ とする。

巻線抵抗測定	$R = 1.22\,\Omega$ （周囲温度 $t = 19\,℃$　耐熱クラス $105\,(A)$ の絶縁）		
無負荷試験	$I_0 = 3.2\,\text{A}$	$P_i = 140\,\text{W}$	
拘束試験	$I_n = 8.5\,\text{A}$	$V_s{}' = 36\,\text{V}$	$P_s{}' = 323\,\text{W}$

(1) 一次巻線 1 相分の抵抗 r_1

$$r_1 = \frac{R}{2} \times \left(\frac{235 + 75}{235 + t} \right)$$

$$= \frac{(①\qquad)}{2} \times \left(\frac{235 + (②\qquad)}{235 + (③\qquad)} \right)$$

$$= (④\qquad)\,\Omega$$

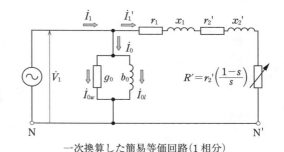

一次換算した簡易等価回路(1 相分)

(2) 無負荷電流 I_0 の有効分 I_{0w}，無効分 I_{0l}，コンダクタンス g_0，サセプタンス b_0

$$I_{0w} = \frac{P_i}{\sqrt{3}\,V_n} = \frac{(①\qquad)}{\sqrt{3} \times (②\qquad)} = (③\qquad)\,\text{A}$$

$$I_{0l} = \sqrt{I_0{}^2 - I_{0w}{}^2} = \sqrt{(④\qquad)^2 - (⑤\qquad)^2} = (⑥\qquad)\,\text{A}$$

$$g_0 = \frac{P_i}{V_n{}^2} = \frac{(⑦\qquad)}{(⑧\qquad)^2} = (⑨\qquad)\,\text{S}$$

$$b_0 = \sqrt{\left(\frac{\sqrt{3}\,I_0}{V_n} \right)^2 - g_0{}^2} = \sqrt{\left(\frac{\sqrt{3} \times (⑩\qquad)}{200} \right)^2 - (⑪\qquad)^2} = (⑫\qquad)\,\text{S}$$

(3) 二次抵抗 $r_2{}'$，合成リアクタンス $x_1 + x_2{}'$

$$r_2{}' = \frac{P_s{}'}{3I_n{}^2} - r_1 = \frac{(①\qquad)}{3 \times (②\qquad)^2} - (③\qquad) = (④\qquad)\,\Omega$$

$$x_1 + x_2{}' = \sqrt{\left(\frac{V_s{}'}{\sqrt{3}\,I_n} \right)^2 - (r_1 + r_2{}')^2}$$

$$= \sqrt{\left(\frac{(⑤\qquad)}{\sqrt{3} \times (⑥\qquad)} \right)^2 - ((⑦\qquad) + (⑧\qquad))^2} = (⑨\qquad)\,\Omega$$

2 各種誘導機 （教科書 p. 159〜170）

1 特殊かご形誘導電動機 （教科書 p. 159〜161）

― 学習のポイント ―

　かご形誘導電動機は，始動電流が大きいわりに始動トルクが小さい。この始動特性を改良したものに，二重かご形誘導電動機や深みぞかご形誘導電動機がある。

1 特殊かご形誘導電動機について，次の文の（　　）に適切な語句を書き入れよ。

(1) 二重かご形誘導電動機は，図(a)のように，回転子に内外（①　　　　　）のスロットを設け，それぞれに導体を埋めている。（②　　　　　）の導体は，内側の導体に比べて（③　　　　　）を大きくしてある。（④　　　　　）の導体は，図(a)に示すように外側の導体より（⑤　　　　　）が多く，（⑥　　　　　）リアクタンスが（⑦　　　　　）なるような構造になっている。

(2) 図(b)は，二重かご形誘導電動機の内側導体の（①　　　　　）T_i[N·m]と，（②　　　　　）導体のトルク T_o[N·m]のトルク特性である。二重かご形誘導電動機の特性は，これら二つの特性を（③　　　　　）ものとなり，（④　　　　　）特性が改善される。二重かご形誘導電動機は，始動トルクが大きくとれるので，特別な始動装置を使わないで，かなりの（⑤　　　　　）機でも直接定格電圧で始動できる。

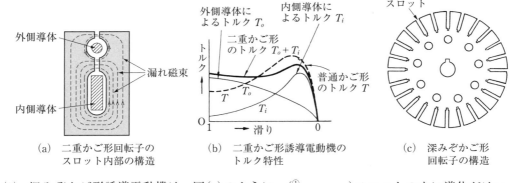

(a) 二重かご形回転子の
スロット内部の構造

(b) 二重かご形誘導電動機の
トルク特性

(c) 深みぞかご形
回転子の構造

(3) 深みぞかご形誘導電動機は，図(c)のように，（①　　　　　）スロットの中に導体がはいっている構造になっている。始動時の電流密度は，上部が（②　　　　　），下部が（③　　　　　）なる。したがって，電流密度の不均一がいちじるしく，（④　　　　　）導体のインピーダンスが増したことになり，始動トルクが大きくなる。

(4) 深みぞかご形誘導電動機は，始動後は（①　　　　　）が0に近づくため，二次インピーダンスが（②　　　　　）して，二重かご形に近い性質を示す。しかし，深みぞかご形は，始動トルクが小さいので，連続運転用で（③　　　　　）トルクの小さいポンプや送風機などに適している。

2 単相誘導電動機 （教科書 p. 161〜165）

┌─── 学習のポイント ───────────────────────────

1. 単相誘導電動機は，始動トルクが働かないので始動に対するくふうがなされている。

2. 単相誘導電動機は，その始動法から，**分相始動形，コンデンサ始動形，永久コンデンサ形，コンデンサ始動永久コンデンサ形，くま取りコイル形**などがある。

└──

1 単相誘導電動機について，次の文の（　　）に適切な語句・記号または数値を書き入れよ。

(1) 単相誘導電動機は，回転子は三相かご形誘導電動機と同じであるが，(^{①}　　　　　）巻線は単相巻線である。この単相巻線には，(^{②}　　　　）磁界が発生するが，(^{③}　　　　）磁界は生じない。しかし，何らかの方法で，(^{④}　　　　）を回してやれば，回転を続けることができる。単相誘導電動機は，始動時に(^{⑤}　　　　）が生じないので，始動に対するくふうが必要である。

(2) 単相誘導電動機は，図(a)のように，固定子に主巻線 M と，これと電気角で(^{①}　　　　）rad 異なる位置に補助巻線 A （始動巻線）を施して

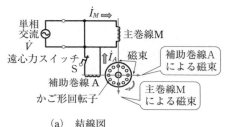

(a)　結線図

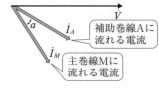

(b)　始動時のベクトル図

いる。補助巻線 A は，主巻線 M とくらべ，(^{②}　　　　）にするため細い銅線を使用し，(^{③}　　　　）にするため巻数を減らしている。この二つの巻線に単相交流電圧 $\dot{V}$ を加えると，各巻線に流れる電流は図(b)のようになる。リアクタンスが(^{④}　　　　）主巻線 M には，$\dot{V}$ よりも位相の(^{⑤}　　　　）電流 $\dot{I}_M$ が流れる。一方，補助巻線 A には電圧 $\dot{V}$ に対して遅れの小さい電流 $\dot{I}_A$ が流れる。この $\dot{I}_M$ と $\dot{I}_A$ との間に(^{⑥}　　　　）ができ，不完全ながら(^{⑦}　　　　）の回転磁界が生じる。この回転磁界によって，回転子にはトルクが発生し，回転子が回転する。始動後，回転速度が同期速度の(^{⑧}　　　　）％程度に達すると，(^{⑨}　　　　）が働いて補助巻線 A を自動的に切り離し，回転子は回転を続ける。

2 次の単相誘導電動機に対応する説明文の番号を（　　）の中に書き入れよ。

(1) コンデンサ始動形（　　　）

(2) 永久コンデンサ形（　　　）

(3) くま取りコイル形（　　　）

① 構造が簡単で力率もよく，トルクが均一である。200 W 以下の卓上扇風機や洗濯機などに利用される。

② 固定子の極を二つに分け，一方に短絡巻線を巻いた構造の電動機で，20 W 以下の小形の扇風機や換気扇などに用いられる。

③ 始動時にコンデンサを用い，運転時はコンデンサを切り離し，単相誘導電動機として動作する。ポンプやボール盤などに利用される。

③　誘導電圧調整器　　④　誘導発電機 （教科書 p.166〜169）

学習のポイント

1. 誘導電圧調整器は，交流電圧を連続的に調整でき，三相式と単相式とがある。
2. 三相誘導電圧調整器の構造は，三相巻線形誘導電動機とほとんど同じである。
3. 三相誘導電動機を電源に接続したままで，回転子をほかの原動機で回転させると，誘導発電機として動作する。

1　誘導電圧調整器について，次の文の（　　）に適切な語句を書き入れよ。

(1) 図1(a)は，三相誘導電圧調整器の（①　　　　　　　）で，図(b)は固定子の内部にある（②　　　　　　　）である。固定子と回転子には，スロットをもつ（③　　　　　　　）に（④　　　　　　　）が施してある。

(2) 図1(a)，(b)の□に適切な語句を書き入れよ。

(3) 図1(c)に示すように，（①　　　　　　　）巻線は Y 結線にして（②　　　　　　　）につなぎ，（③　　　　　　　）巻線は負荷に直列につなぐ。

(4) 一次側に三相電圧を加えると，（①　　　　　　　）が生じ，一次巻線・二次巻線に，それぞれ $E_1[\mathrm{V}]$，$E_2[\mathrm{V}]$の（②　　　　　　　）が誘導される。

(5) 三相誘導電圧調整器は，連続的に（①　　　　　　　）を調整できるので，（②　　　　　　　）配電線の電圧調整や，（③　　　　　　　）・（④　　　　　　　）電源などの電圧・電流調整に用いられる。

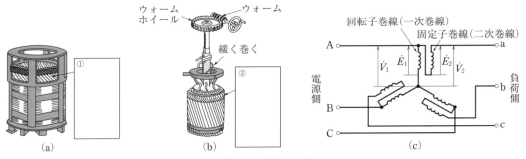

図1　三相誘導電圧調整器の構造と原理図

2　次の文の（　　）に適切な語句を書き入れよ。

三相誘導電動機が回転しているときの滑り s は，つねに $0 < s < 1$ の間にあり，（①　　　　　　　）の値である。この三相誘導電動機を電源に接続したまま，ほかの（②　　　　　　　）で回転子を回転磁界と（③　　　　　　　）方向に，同期速度よりも（④　　　　　　　）速度で回転させると，すべり s は（⑤　　　　　　　）となる。したがって，原動機から回転子への機械的入力は，（⑥　　　　　　　）出力になって固定子から電源に送り返され，（⑦　　　　　　　）発電機として動作する。

第5章　同期機

1　三相同期発電機　(教科書 p. 177〜198)

1　三相同期発電機の原理と構造(1)　(教科書 p. 177〜178)

学習のポイント

1. 発電所では，三相同期発電機を使用して，三相交流の電力を発生させている。
2. 三相同期発電機には，回転界磁形と回転電機子形がある。
3. 極数 p の同期発電機で，一定周波数 f [Hz] の交流を発生させるには，発電機を同期速度 $n_s = \dfrac{120f}{p}$ [min^{-1}] で回転させなければならない。

1　三相同期発電機について，次の文の(　)に適切な語句を書き入れよ。

図 1(a) は，電機子巻線が三相巻線で，磁極を外部直流電源から(^{①}　　　　　)とスリップリングを通して(^{②}　　　　　)している。これを回転させると，図 1(b) のような(^{③}　　　　　)三相起電力が発生する。

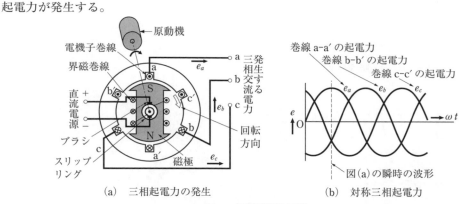

(a)　三相起電力の発生　　　　(b)　対称三相起電力

図1　三相同期発電機

2　4 極の同期発電機について，次の文の(　)に適切な数値を書き入れよ。

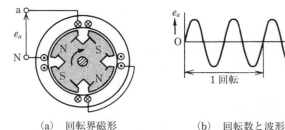

(a)　回転界磁形　　　　(b)　回転数と波形

図2　4極発電機

図 2 の発電機で 50 Hz の交流を発生させるには，同期発電機を

$$n_s = \frac{120f}{p} = \frac{120 \times (^{①}\qquad)}{(^{②}\qquad)} = (^{③}\qquad) \text{min}^{-1}$$

で回転させる必要がある。

1　三相同期発電機の原理と構造(2)　（教科書 p. 178～183）

┌─── **学習のポイント** ───────────────────────

1. 同期発電機の誘導起電力は，$E = 4.44\,k_w f \Phi w$ [V]で表される。

2. 電機子巻線法には，**全節巻**と**短節巻**とがある。

3. 回転機械の構成は，**回転子**（主軸，回転子鉄心，磁極）と**固定子**（電機子鉄心，電機子巻線）からなる。

└──────────────────────────────────

1　同期発電機について，次の文の（　　）に適切な語句を書き入れよ。

(1) 図1は，電機子巻線のようすである。あらかじめ巻枠に絶縁銅線を巻いて絶縁処理したコイルを（① 　　　　　　　）という。このコイルを固定子の（② 　　　　　　　）に収めるとき，（③ 　　　　　　　）にしている。一般に，発電機の端子電圧は，（④ 　　　　　　　）V が限度とされている。

(2) 電機子鉄心の材料は（① 　　　　　　　）を少なくするため，（② 　　　　　　　）が用いられる。また，（③ 　　　　　　　）を少なくするため，厚さ（④ 　　　　　　　）mm の薄い鉄板を積み重ねた（⑤ 　　　　　　　）が用いられる。

(3) 図2は，回転子のようすである。回転子には，（① 　　　　　　　）と（② 　　　　　　　）がある。（① 　　　　　　　）は，回転子の回転速度が小さい（③ 　　　　　　　）に用いられる。（② 　　　　　　　）は，回転速度が大きい（④ 　　　　　　　）に用いられる。

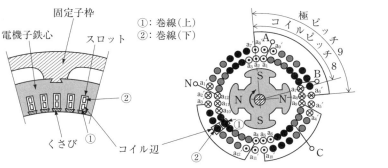

(a) 固定子　　　(b) 4極分布短節二層巻（毎極毎相のスロット数3）

図1　電機子巻線

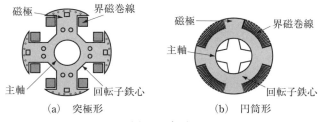

(a) 突極形　　　(b) 円筒形

図2　回転子

2　三相同期発電機の等価回路(1)　（電機子反作用）　（教科書 p. 184〜185）

学習のポイント

三相同期発電機の電機子反作用は，負荷の力率の状態で，**交差磁化作用**，**減磁作用**，および
増磁作用として働く。

1　三相同期発電機の電機子反作用について，次の文の(　　　)に適切な語句を書き入れよ。

(1)　図1は，三相同期発電機に抵抗の負荷のみが接続され，(^{①}　　　　　)が1で運転されている
ときを示しており，この場合の(^{②}　　　　　)反作用は次のようになる。

(2)　a相では図1(a)のように，起電力 e_a が(^{①}　　　　　)のとき，電機子電流 i_a も(^{①}　　　　　)
になり，このときの磁極の位置は図1(b)のようになる。すなわち電機子電流による
(^{②}　　　　　)の軸は，つねに主磁束の軸に(^{③}　　　　　)となる。

(3)　図1(c)に示すように，これらの磁束は，右側で磁束を(^{①}　　　　　)させ，左側で磁束を
(^{②}　　　　　)させる。このような作用を(^{③}　　　　　)作用という。

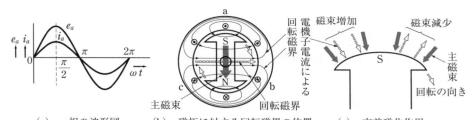

(a)　a相の波形図　　　(b)　磁極に対する回転磁界の位置　　　(c)　交差磁化作用
図1　交差磁化作用（力率1の電機子電流）

(4)　図2は，リアクトルの負荷のみが接続され，(^{①}　　　　　　　)が0で運転されている場合
で，回転磁界は主磁束の向きと(^{②}　　　　)になって主磁束を減少させてしまう。この現象を
(^{③}　　　　)作用という。

(5)　図3は，コンデンサの負荷のみが接続され，(^{①}　　　　　　　)が0で運転されている場合
で，回転磁界と主磁束は(^{②}　　　　)の向きで重なり合い，磁束を増加させる。この現象を
(^{③}　　　　)作用という。

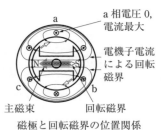

磁極と回転磁界の位置関係
図2　減磁作用（力率0の遅れ電機子電流）

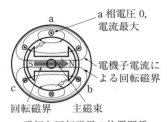

磁極と回転磁界の位置関係
図3　増磁作用（力率0の進み電機子電流）

2　三相同期発電機の等価回路⑵　（発電機の等価回路）　（教科書 p.186～187）

学習のポイント

三相同期発電機の同期インピーダンス，等価回路およびベクトル図について理解する。

1　三相同期発電機の等価回路について，次の文の（　　）に適切な語句を書き入れよ。

(1)　図1(a)は，三相発電機1相分の回路図である。電機子電流 $\dot{I}$[A]が（①　　　　　　）0の
（②　　　　　　）電流のときの端子電圧 $\dot{V}$[V]のベクトル図は図(b)で表され，$\dot{I}$[A]が（①　　　　　　）
0の（③　　　　　　）電流のときは，図(c)で表される。

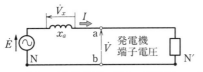 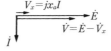 

　(a)　三相発電機1相分の回路図　　　(b)　力率0の遅れ電流の場合　　(c)　力率0の進み電流の場合
　　　　　　　　　　　　　　　　　　　　　　$V<E$（減磁作用）　　　　　　　　$V>E$（増磁作用）

図1　電機子反作用によるリアクタンス

(2)　$\dot{E}$ を主磁束による誘導起電力とすれば，電機子反作用として（①　　　　　　）作用・
（②　　　　　　）作用による起電力の増減は，リアクタンス x_a の（③　　　　　　）$\dot{V}_x$ で表せる
ので，x_a は電機子反作用による（④　　　　　　）とよばれる。

(3)　電機子電流がつくる磁束には，図2(a)のように，コイル辺に生じる磁束のほかにコイル端
などに生じる（①　　　　　　）がある。この（①　　　　　　）によって生じる電圧降下は
リアクタンスに置き換えられ，これを（②　　　　　　）といい，x_l で表す。

(4)　x_a と x_l は電気的に同じ性質であるから，これらの和を $x_a+x_l=x_s$ と表し，これを
（①　　　　　　　　　　　）という。電機子抵抗 r_a と x_s から，三相同期発電機（②　　　　）分
の（③　　　　　　）は，図2(b)のようになる。この場合のインピーダンスは，次のようになる。

$$\dot{Z}_s = r_a + jx_s \qquad Z_s = \sqrt{r_a{}^2 + x_s{}^2}$$

この $\dot{Z}_s$[Ω]を（④　　　　　　　　　　　）といい，Z_s[Ω]はその大きさを表す。図(b)
のベクトル図は，図(c)で表される。

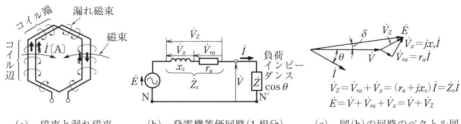

　(a)　磁束と漏れ磁束　　　　(b)　発電機等価回路(1相分)　　　(c)　図(b)の回路のベクトル図

図2　等価回路

3 **三相同期発電機の特性(1)** （教科書 p.188〜189）

┌─ **学習のポイント** ─────────────────────────────────┐

1. 同期発電機の無負荷特性は，飽和特性を示し，無負荷飽和特性とよばれる。

2. 同期発電機の三相短絡試験で求められる短絡特性は，界磁電流と電機子短絡電流が比例関係となる。これを**短絡曲線**という。

3. 同期発電機1相のインピーダンス $Z_0[\Omega]$ は一定ではない。そこで，端子電圧 $V[\mathrm{V}]$ が定格電圧 $V_n[\mathrm{V}]$ に等しいときの値を，**同期インピーダンス** $Z_s[\Omega]$ と定義している。

└──┘

1 三相同期発電機の特性について，次の文の（　　）に適切な語句を書き入れよ。

下図(a)のように接続して，磁極の（①　　　　　　　）$I_f[\mathrm{A}]$ をしだいに大きくすると，端子電圧 $V[\mathrm{V}]$ は，しだいに（②　　　　　）なり，図(c)①の曲線のように，ある値になるとほとんど変わらなくなって，（③　　　　　）特性を示す。これを（④　　　　　　　　）曲線という。

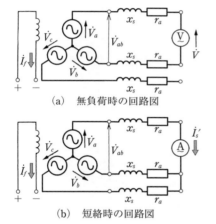

(a) 無負荷時の回路図

(b) 短絡時の回路図

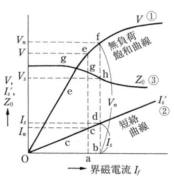

(c) 短絡曲線と短絡電流

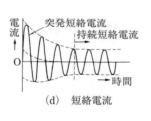

(d) 短絡電流

2 三相同期発電機の特性について，次の文の（　　）に適切な語句を書き入れよ。

(1) 上図(b)のように接続して，（①　　　　　　　）$I_f[\mathrm{A}]$ と（②　　　　　　　）電流 $I_s'[\mathrm{A}]$ の関係を調べる試験を三相（③　　　　　）試験という。このとき，I_f と I_s' の関係は図(c)の②のように（④　　　　　）関係になる。この特性曲線を（⑤　　　　　　　）という。

(2) 同期発電機の3相を突発的に（①　　　　　）すると，図(d)のような短絡電流が流れる。短絡直後の電流を（②　　　　　）短絡電流といい，短絡後数秒たつと（③　　　　　）反作用や，同期インピーダンスで制限されて一定の値となる。これを（④　　　　　）短絡電流という。

3 三相同期発電機の特性について，次の文の（　　）に適切な語句または記号を書き入れよ。

上図(b)から，三相（①　　　　　　　　）の一相分インピーダンス $Z_0[\Omega]$ は，

$$Z_0 = \frac{V_{ab}}{\sqrt{3}I_s'} = \frac{V}{\sqrt{3}(\text{②}\qquad)}$$ となる。このZ_0は，端子電圧 V が（③　　　　　）するため，一定でなく図(c)③のように変化する。$V[\mathrm{V}]$ が（④　　　　　）電圧 $V_n[\mathrm{V}]$ に等しいときの値を用い，それを（⑤　　　　　　　）$Z_s[\Omega]$ と定義している。

3　三相同期発電機の特性(2)　（教科書 p. 189〜193）

> **── 学習のポイント ──**
>
> **1.** 同期インピーダンス Z_s を Ω 単位で表さないで，％単位で表す場合がある。これを**百分率同期インピーダンス z_s [%]** という。
>
> **2.** 同期発電機の**短絡比** S は，$S = \dfrac{I_{fs}}{I_{fn}} = \dfrac{I_s}{I_n} = \dfrac{100}{z_s}$ で表される。
>
> **3.** 界磁電流および力率を一定に保ち，そのときの負荷電流と端子電圧の関係を示す曲線を，**外部特性曲線**という。

1　百分率同期インピーダンスについて，次の文の（　）に適切な記号を書き入れよ。

図1(a)から1相分の同期インピーダンス Z_s [Ω] は，定格電圧 V_n [V]，短絡電流 I_s [A] のとき，

$$Z_s = \frac{（①\qquad）}{\sqrt{3}（②\qquad）}$$

となる。ここで I_s は，無負荷で定格電圧を発生するときの界磁電流と等しい界磁電流における短絡電流である。

百分率同期インピーダンス z_s [%] は，

$$z_s = \frac{Z_s I_n}{\dfrac{V_n}{\sqrt{3}}} \times 100 = \frac{Z_s I_n}{\dfrac{\sqrt{3}（②\qquad）Z_s}{\sqrt{3}}} \times 100 = \frac{I_n}{（②\qquad）} \times 100$$

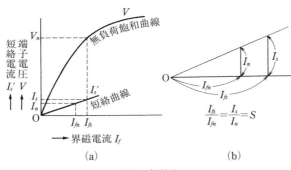 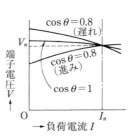

(a)　　　　　　　　　(b)

図1　短絡比　　　　　図2　外部特性曲線

2　図2は，同期発電機の外部特性曲線である。次の文の（　）に適切な語句を書き入れよ。

図から，（①　　　　）力率のときは，負荷電流 I が（②　　　　）すると（③　　　　）V が上昇するが，（④　　　　）力率のときは，負荷電流 I が増加すれば（③　　　　）V は下降する。

3　6 kV・A，400 V，60 Hz の Y 形結線三相交流発電機がある。無負荷試験と短絡試験から，右図のような結果を得た。次の値を求めよ。

(1)　同期インピーダンス Z_s [Ω]

(2)　百分率同期インピーダンス z_s [%]

(3)　短絡比 S

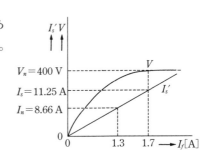

4 三相同期発電機の出力と並行運転 （教科書 p. 194〜197）

学習のポイント

1. 三相同期発電機の出力 $P\,[\mathrm{W}]$ は，$P = 3VI\cos\theta = \dfrac{3VE}{x_s}\sin\delta$ で表される。P は，δ の正弦関数で表される。δ を**負荷角**という。

2. **並行運転**は，2 台以上の同期発電機を一つの母線に並列に接続して，運転することである。

1 三相同期発電機の出力について，次の文の（　）に適切な語句または記号を書き入れよ。

　図(a)は，三相同期発電機 1 相分の（①　　　　　　　）で，この回路の（②　　　　　　　）図は図(b)のように描ける。同期発電機（③　　　　　　　）の出力 $P_s\,[\mathrm{W}]$ は，$P_s = V \times (④ \qquad) \times \cos\theta$ となり，図(c)から，$P_s = VI\cos\theta = V \times \dfrac{(⑤\qquad)}{(⑥\qquad)} \times (⑦ \qquad)$ となる。

　V，$E\,[\mathrm{V}]$ および（⑧　　　　　　　）が一定ならば，出力 P_s は V に対する E の（⑨　　　　　　　）δ の（⑩　　　　　　　）関数で表される。この δ を（⑪　　　　　　　）という。なお，発電機が（⑫　　　　　　　）に電力を送ることができるのは，δ が（⑬　　　　　　　）のときである。

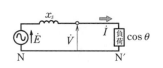

(a) 同期発電機の等価回路

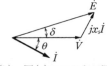

(b) 図(a)のベクトル図

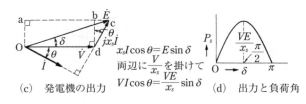

(c) 発電機の出力

$x_s I\cos\theta = E\sin\delta$
両辺に $\dfrac{V}{x_s}$ を掛けて
$VI\cos\theta = \dfrac{VE}{x_s}\sin\delta$

(d) 出力と負荷角

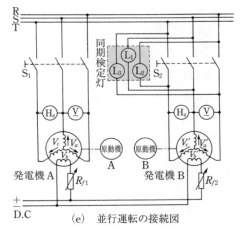

(e) 並行運転の接続図

2 図(e)における並行運転について，次の文の（　）に適切な語句または記号を書き入れよ。

　同期発電機 A に，同期発電機 B を並列に接続するための必要条件は，

(1) 起電力の（①　　　　　　　）が等しいこと。これは，原動機（②　　　　　）の回転速度を調整して等しくする。

(2) 起電力の（①　　　　　　　）が等しいこと。これは，発電機 B の（②　　　　　　　）を加減し，磁極の励磁を調整する。

(3) 起電力の（①　　　　　　）が一致していること。原動機 B の回転速度を調整し，（②　　　　　　　）検定灯で，位相の一致を確認したあと，スイッチ S_2 を閉じて発電機 B を母線に接続する。

(4) 起電力の（①　　　　　　）が等しいこと。

(5) （①　　　　　　　）が一致していること。

2　三相同期電動機 （教科書 p. 199〜209）

1　三相同期電動機の原理(1)　（回転の原理）　（教科書 p. 199〜200）

学習のポイント

1. 三相同期電動機の構造は，三相同期発電機と同じである。

2. 同期電動機は，周波数と極数で決まる**同期速度**で回転し，同期速度以外では回転できない。

1 図(a)は，同期電動機の原理図である。次の文の（　　）に適切な語句または記号を書き入れよ。

(1) 三相同期電動機の構造は，三相同期（①　　　　　　　）と同じである。図(a)において，固定子の三相巻線に（②　　　　　　　）電流を流すと，図(b)のような（③　　　　　　　）磁界が発生する。

(2) 図(b)で固定子鉄心の磁極をⓃ，Ⓢで表す。図(c)のように回転しているとき，回転子Ｓ極とⓃとの吸引力，回転子（①　　　　　）極と（②　　　　　）との吸引力によって，図(c)では，回転子に時計回りの（③　　　　　）T_1 [N・m]が生じ，負荷のトルク T_1'（逆トルク）とつり合って回転する。

(3) 負荷が軽くなり，トルク T_1' が小さくなると，（①　　　　　）も小さくなり，無負荷になれば T_1'，T_1 とも 0 になり，（②　　　　　）は発生しない。

(4) 回転子磁極は，電機子電流による（①　　　　　）と等しい（②　　　　　）で回転し，（③　　　　　）の増減によって，回転子磁極軸と（①　　　　　）軸との位置関係 δ が変わる。δ は（④　　　　　）とよばれる。

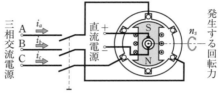

(a)　三相同期電動機の原理

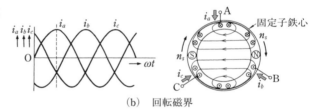

(b)　回転磁界

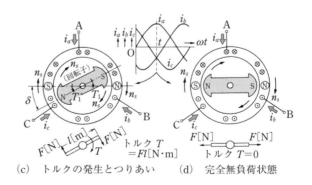

(c)　トルクの発生とつりあい　　(d)　完全無負荷状態

1 三相同期電動機の原理(2) （等価回路と電機子反作用） （教科書 p. 201〜202）

学習のポイント

1. 三相同期電動機は，三相同期発電機と同じように等価回路で表せる。

2. 三相同期電動機にも，**電機子反作用**がある。

1 図1の等価回路について，次の文の（　　）に適切な語句または記号を書き入れよ。

(1) 図(a)は，三相同期発電機の(^{①}　　　　　　)を示す(^{②}　　　　　)回路である。この図(a)から$\dot{E}$を求めると，

$$\dot{E} = r_a \dot{I}_G + j x_s \dot{I}_G + \dot{V}$$
$$= (^③\qquad) + (r_a + j x_s)(^④\qquad)$$

よって，三相同期発電機の起電力は，供給電圧とインピーダンス降下のベクトル和となる。

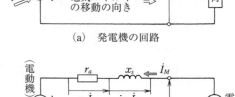

(a) 発電機の回路

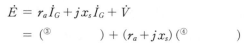

(b) 電動機の回路

図1 同期発電機と同期電動機の等価回路

(2) 三相同期電動機は構造的に同期発電機と
(^{①}　　　　)であるから，その(^{②}　　　　)についての(^{③}　　　　)回路は，図(b)のようにかける。
図(b)から$\dot{E}$を求めると，

$$\dot{E} = -r_a \dot{I}_M - (^④\qquad) + \dot{V}$$
$$= \dot{V} - (^⑤\qquad)\dot{I}_M$$

よって，三相同期電動機の起電力は，供給電圧とインピーダンス降下のベクトル差となる。

2 図2の等価回路について，次の文の（　　）に適切な語句または記号を書き入れよ。

(1) 図(a)のように，$\dot{I}_G$[A]と$\dot{I}_M$[A]をとると，$\dot{I}_M = -\dot{I}_G$であるから，$\dot{E}$[V]に対して(^{①}　　　　) rad の位相差をもつ場合のベクトル図は，図(b)，(c)となる。

(2) 電機子反作用は，$\dot{E}$に対してI_Mが，$\dfrac{\pi}{2}$ rad だけ
(^{①}　　　　)電流の場合には(^{②}　　　　)作用で図(b)のようになり，I_Mが$\dfrac{\pi}{2}$ rad だけ(^{③}　　　　)電流の場合は(^{④}　　　　)作用で図(c)のようになる。また，$\dot{E}$に対して，(^{⑤}　　　　)の電流$\dot{I}_M$による作用は，
(^{⑥}　　　　　)作用という。図(b)，(c)から$\dot{I}_G$は反対向きであるから，発電機の電機子反作用は電動機の(^{⑦}　　　　)である。

(3) 図(a)のx_sは，同期発電機と同じように(^{①}　　　　　　　　　)とよぶ。

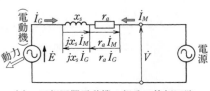

(a) 三相同期電動機1相分の等価回路

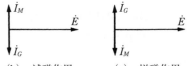

(b) 減磁作用　　　(c) 増磁作用

図2 同期電動機の電機子反作用

2 三相同期電動機の特性(1) （教科書 p.203〜204）

> **学習のポイント**
>
> **1.** 三相同期電動機の1相分の入力 P_1[W]は，$P_1 = VI_M \cos\theta$ である。
>
> **2.** 三相同期電動機の1相分の出力 P_o[W]は，$P_o = \dfrac{VE}{x_s}\sin\delta$ である。
>
> **3.** 三相同期電動機のトルク T[N·m]は，$T = \dfrac{60}{2\pi n_s}\cdot\dfrac{3VE}{x_s}\sin\delta$ である。

1　下図(a)，(b)について，次の文の（　　）に適切な語句または記号を書き入れよ。

　　三相同期電動機では，電機子巻線抵抗 r_a[Ω]は（① 　　　　　）リアクタンス x_s[Ω]に比べて
ひじょうに（② 　　　　　）ので無視すると，1相分の等価回路は図(a)のようになり，そのベクト
ル図は図(b)で表される。図(b)のように，$\dot{V}$[V]と $\dot{I}_M$[A]の位相差を θ[rad]とすれば，三相
同期電動機の1相分の入力 P_1[W]は，$P_1 = $（③ 　　　　）×（④ 　　　　）× $\cos\theta$ となる。

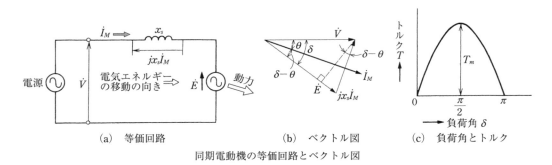

(a)　等価回路　　　　　　(b)　ベクトル図　　　　(c)　負荷角とトルク

同期電動機の等価回路とベクトル図

2　三相同期電動機のトルクについて，次の文の（　　）に適切な語句または記号を書き入れよ。

　　三相同期電動機のトルク T[N·m]は，$T = \dfrac{60}{2\pi n_s}\cdot\dfrac{3VE}{x_s}\sin\delta$ であるから，（① 　　　　　）δ と
トルク T の関係は上図(c)のようになる。負荷のトルク T が（② 　　　　　）T_m より大きくなると，
（③ 　　　　　）はさらに増加し，トルクは減少して電動機はついに（④ 　　　　）する。これを
（⑤ 　　　　　　　）という。

3　線間電圧 200 V，周波数 60 Hz，4極の三相同期電動機がある。この電動機が，線電流 50 A，
力率 98%，効率 85% で運転しているとき，次の問いに答えよ。

(1)　入力 P_3[kW]はいくらか。

(2)　出力 P[kW]はいくらか。

(3)　トルク T[N·m]はいくらか。

〔ヒント〕

入力 $P_3 = \sqrt{3}\,V_1 I_1 \cos\theta$

出力 $P = $ 入力 × 効率

$P = 2\pi\dfrac{n_s}{60}T$

2 三相同期電動機の特性(2) （位相特性）（教科書 p.204〜206）

学習のポイント

1. 同期電動機では，負荷の急変によって**乱調**が生じる。

2. 三相同期電動機は，界磁電流を変えると電機子電流の供給電圧に対する位相が変わり，電機子電流が大きく変化して V 形曲線となる。これを**位相特性曲線（V 曲線）**という。

---

1 三相同期電動機のトルクについて，次の文の（　　）に適切な語句または数値を書き入れよ。

(1) 負荷のトルクが最大トルク T_m より大きくなると，電動機はついに停止する。これを（①　　　　　　　）という。（①　　　　　　　）をしない最大トルク T_m を（②　　　　　）トルクという。この（②　　　　）トルクは，定格（③　　　　　），定格（④　　　　　）および定格負荷状態における界磁電流のもとで，同期運転中の同期電動機が発生し得る（⑤　　　　　）のトルクである。

(2) 同期電動機は，負荷の急変によって（①　　　　　　　）δ が変化して，負荷角の（②　　　　　　）な変動が起こる。これを（③　　　　　）という。この（③　　　　　）防止には，（④　　　　　）を設けたり，（⑤　　　　　　　）を取りつけたりする。

2 三相同期電動機の位相特性について，次の文の（　　）に適切な語句または記号を書き入れよ。

(1) 三相同期電動機が供給電圧 $\dot{V}$[V]，（①　　　　　）電流 I_M[A]，力率 1 で運転しているときのベクトル図は，図 1(a)のようになる。界磁電流 I_f を図(a)の状態から大きくすると，図(b)のように $\dot{E}$ が（②　　　　　）なり，$\dot{E}_1$ となれば（③　　　　　）が減少し，$\dot{I}_M$ は位相の進んだ電流 $\dot{I}_{M1}$ になる。

(2) I_f を小さくすると，図(c)のように $\dot{I}_M$ は，位相の（①　　　　　）電流 $\dot{I}_{M2}$ になる。

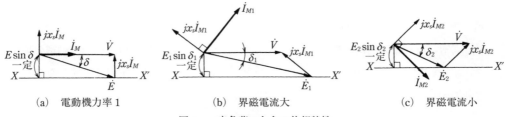

(a) 電動機力率 1　　　　　(b) 界磁電流大　　　　　(c) 界磁電流小

図 1 一定負荷のときの位相特性

(3) 電機子電流 I_M を（①　　　　　）に，界磁電流 I_f を（②　　　　　）にとってグラフに表すと，図 2 のような（③　　　　　　　）曲線となる。図 2 の破線の右側は（④　　　　　）電流，左側は（⑤　　　　　）電流の範囲である。

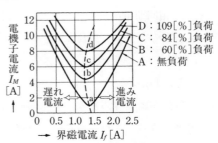

図 2 三相同期電動機の V 曲線

3 三相同期電動機の始動とその利用 （教科書 p. 207～209）

> **—— 学習のポイント ——**
>
> **1.** 三相同期電動機は，そのままでは始動できないので，**自己始動法**や**始動電動機法**などの始動法を用いている。
>
> **2.** 同期電動機は，力率を任意に変えることができるため，同期調相機や各種圧縮機，製紙用砕木機，送風機，プロペラポンプなどに用いられている。また，直流電源で駆動できるため，電気自動車などの動力やエアコン，エレベータなどにも用いられている。

1 三相同期電動機の始動法について，次の文の（　　）に適切な語句を書き入れよ。

(1) 三相同期電動機は，そのままでは始動できない。そこで，回転子の磁極面に（①　　　　　）を施すと，三相誘導電動機のかご形回転子と同じ機能になる。下図でS₃を1側，S₂を始動側（ア側）に，さらにS₁を閉じて，固定子巻線に（②　　　　　）電源を加えることにより，（③　　　　　）電動機と同様の原理で始動する。回転子が（④　　　　　）速度に近くなったとき，S₃を2側，S₂を運転側（イ側）に切り換える。これを（⑤　　　　　）始動法という。

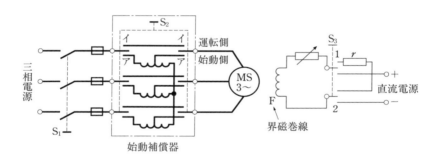

始動補償器　　界磁巻線

(2) 始動電動機法は，始動用電動機として（①　　　　　）電動機や（②　　　　　）電動機を用いる。まず，直結した三相同期電動機を（③　　　　　）で運転する。加速後に同期電動機の界磁巻線を（④　　　　　）し，三相同期（⑤　　　　　）として運転し，電源に並列に接続したのち，始動用電動機の（⑥　　　　　）を遮断して三相同期電動機として運転する。

2 三相同期電動機の利用について，次の文の（　　）に適切な語句を書き入れよ。

右図のように，負荷と（①　　　　　）に三相同期電動機 MS を接続し（②　　　　　）で運転すると，p.59 **2**図2のようなV曲線が得られ，次のことがわかる。

同期調相機の接続

負荷が誘導性のとき，三相同期電動機の界磁を過励磁として（③　　　　　）電流を流し，また，負荷が容量性のとき，励磁を弱めて（④　　　　　）電流を流すと，負荷の端子電圧 $\dot{V}$ を一定にすることができる。このような三相同期電動機を（⑤　　　　　）とよぶ。

第6章　小形モータと電動機の活用

1　小形モータ （教科書 p. 215〜230）

1　小形直流モータ （教科書 p. 215〜219）

> **学習のポイント**
>
> **1.** 小形直流モータは，大形の直流電動機と回転のしくみや基本的な構造は同じである。
>
> **2.** 小形直流モータには，機能や性能に応じて多くの種類があり，永久磁石形直流モータ，コアレスモータ，コアレス DC モータ，ブラシレス DC モータなどがある。

1　小形直流モータについて，次の文の（　　）に適切な語句を書き入れよ。

(1)　図1のように，永久磁石形直流モータの電機子鉄心には，有溝鉄心と無溝鉄心がある。有溝鉄心形の電機子の構造は非常に（①　　　　　）であるが（②　　　　　）むらが起きやすい。また，無溝鉄心形の（③　　　　　）には鉄心に（④　　　　　）がないので，回転むらが生じないが，保磁力の強い（⑤　　　　　）が必要である。

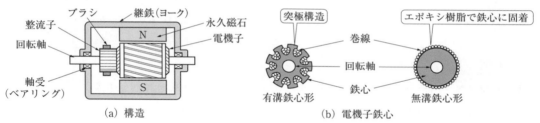

図1　永久磁石形直流モータ

(2)　電機子に鉄心を用いないモータを（①　　　　　）DC モータという。電機子巻線には（②　　　　　）形のほかに，円板状の（③　　　　　）形がある。これらは，次のような特性をもっている。①（④　　　　　）がないため慣性モーメントが小さい。②有溝鉄心形で発生する（⑤　　　　　）むらが生じない。③（⑥　　　　　）の自己インダクタンスが小さく（⑦　　　　　）がすぐれている。

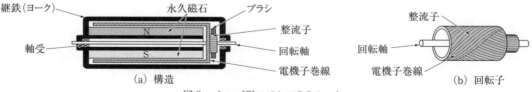

図2　カップ形コアレスDCモータ

(3)　永久磁石形直流モータは，（①　　　　　）と（②　　　　　）が機械的に接触するため火花による（③　　　　　）を発生する欠点がある。この欠点を改善したものが，（④　　　　　）DC モータである。このモータは（⑤　　　　　）素子を使用しているため機械的接触部分がなく，電気雑音が発生しない。

2　小形交流モータ⑴　（同期モータ）（教科書 p.220〜221）

学習のポイント

1. 小形交流モータは，固定子に巻いたコイルで回転磁界をつくり，その磁界中に置かれた回転子を同期速度，または非同期速度で回転させている。

2. 同期モータには，**永久磁石形同期モータとリラクタンスモータ**がある。

---

1 同期モータについて，次の文の（　）に適切な語句を書き入れよ。

図1　永久磁石形同期モータの回転子

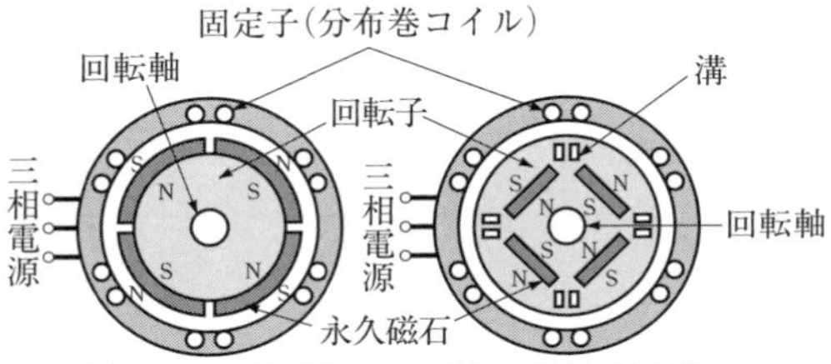

（a）表面磁石形　　（b）埋込磁石形

固定子（分布巻コイル）
回転軸
回転子
溝
三相電源
三相電源
回転軸
永久磁石

⑴　図1は，永久磁石形同期モータの回転子である。固定子がつくる（①　　　　　　）中に永久磁石を付けた（②　　　　　）を入れると，磁石は（①　　　　　　）に引き付けられて磁界と（③　　　　　）速度で回転する。

⑵　図（a）の表面磁石形同期モータは，ネオジムなどの（①　　　　　　）磁石を回転子表面に貼り付けた構造で，（②　　　　　）回転するとはがれやすい。図（b）の埋込磁石形同期モータは，永久磁石を（③　　　　　）の回転子の中に埋め込むことで，小形化，（④　　　　　　）ができる。このモータは，（⑤　　　　　　）のコンプレッサモータや（⑥　　　　　　）に用いられる。

⑶　リラクタンスモータは，固定子がつくる（①　　　　　　）の磁極に回転子の（②　　　　　）が引き付けられる力により生じる（③　　　　　　）トルクを利用して回転する。

⑷　同期リラクタンスモータは，図2のように回転子の電磁鋼板に（①　　　　　）を設けて，磁束の通りやすさの方向性をもたせている。また，磁石を用いないので（②　　　　　）に強く，（③　　　　　　）が可能で，コンプレッサなどの動力に利用されている。

⑸　スイッチトリラクタンスモータは，図3のように固定子と回転子が（①　　　　　）である。固定子巻線に流す（②　　　　）をスイッチで順に切り換えると，（③　　　　　）になる磁極が移り，突極回転子は回転磁極に引き付けられて（④　　　　　　）する。このモータは，回転子の構造が簡単で強固であるため（⑤　　　　　　）に適する。

固定子（分布巻コイル）
三相電源
すきま（スリット）
回転軸
回転子

図2　同期リラクタンスモータ

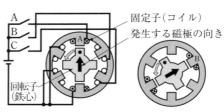

A
B
C
固定子（コイル）
発生する磁極の向き
回転子（鉄心）

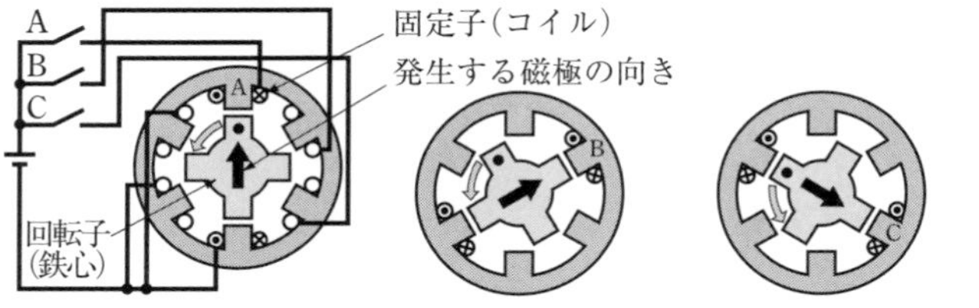

（a）コイルAを励磁　（b）コイルBを励磁　（c）コイルCを励磁

図3　スイッチトリラクタンスモータ

2　小形交流モータ(2)　（非同期モータ・リニアモータ）　（教科書 p. 222〜223）

─── **学習のポイント** ───

1. 非同期モータの身近なものとして，**交流整流子モータ**がある。

2. リニアモータは，直線的な運動をさせる力を与える駆動装置である。

1　非同期モータについて，次の文の（　）に適切な語句を書き入れよ。

(1)　交流整流子モータは，直流直巻電動機と同様に，(① 　　　　　　　　)が整流子付き電機子と(② 　　　　)に接続された電動機である。いま，図1(a)の状態から，図1(b)のように電源の(③ 　　　　)を変えると，界磁極のNとSが(④ 　　　　)する。しかし，整流子の働きにより電機子電流の(⑤ 　　　　)も変わるので，(⑥ 　　　　)の向きはそのまま変わらずに，モータは(⑦ 　　　　)を継続する。

(2)　交流整流子モータは，(① 　　　　　　　)が大きく，(② 　　　　　　　)が高速なので，(③ 　　　　　　　)，電気かんな，(④ 　　　　　　　)，小形ミキサなどのモータとして用いられる。(⑤ 　　　　　　　)を設けない小容量のものは，交流と直流の両方に使用できるので，(⑥ 　　　　)モータまたは(⑦ 　　　　　　　)モータとよばれる。

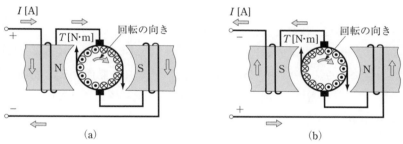

図1　交流整流子モータの原理

2　リニアモータについて，次の文の（　）に適切な語句を書き入れよ。

　図2に示すように，リニアモータは(① 　　　　　　　)な運動をさせる力を与える駆動装置であり，(② 　　　　)モータを直線状に(③ 　　　　)した構造になっている。図(b)の一次側に(④ 　　　　)電流を流すと，二次側に直線的な(⑤ 　　　　)が発生する。

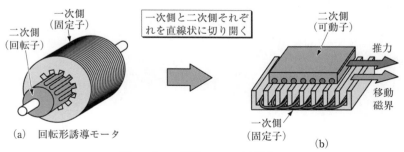

図2　リニア誘導モータの原理図

③ 制御用モータ(1) （サーボモータ） （教科書 p. 224〜225）

┌─── **学習のポイント** ───────────────────────────────┐
1. 回転速度や位置決め制御を正確に行うサーボ機構の駆動用モータを**サーボモータ**という。
2. サーボモータには，**直流(DC)サーボモータ**と**交流(AC)サーボモータ**がある。
└──┘

1　下図は，モータの速度を制御量としたサーボ機構の例である。□に適切な語句を書き入れよ。

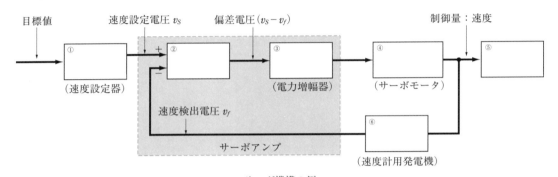

サーボ機構の例

2　サーボモータについて，次の文の（　）に適切な語句を書き入れよ。

(1)　上図において，サーボアンプは($①$　　　　　）の変化に($②$　　　　　）するようにサーボモータを駆動する装置である。サーボモータには($③$　　　　　）電圧で動作する直流(DC)サーボモータと，($④$　　　　　　）電圧で動作する交流(AC)サーボモータに分けられる。

(2)　直流サーボモータでは，($①$　　　　　　）DC モータや($②$　　　　　　）DC モータが小形・小容量の用途で利用される。

　　　交流サーボモータでは，小・中容量のモータには($③$　　　　　　　　　）モータが，高速度・高出力の用途には($④$　　　　　　　　　）モータが利用される。

(3)　産業界では，($①$　　　　　　　　　）の進歩によって交流モータの制御技術が向上し，($②$　　　　　）で($③$　　　　　　）の高い交流サーボモータが多く利用されている。

(4)　サーボモータに求められる性能をあげよ。

　　　①　($①$　　　　　）がよい。

　　　②　広い($②$　　　　　　）で($③$　　　　　）した動作をする。

　　　③　($④$　　　　　）むらがない。

　　　④　($⑤$　　　　　）に強い。

3 制御用モータ(2) （ステッピングモータ） （教科書 p.226～228）

学習のポイント

1. 制御用モータには，パルス電圧で一定角度ごとに回転子が駆動する**ステッピングモータ(パルスモータ)**とよばれるものがある。

2. ステッピングモータにおいて，ステップ角をθ[°]，ステップ数をSとすると，Sとθの関係は，次のようになる。

$$S = \frac{360}{\theta}$$

3. ステップ角θ[°]のステッピングモータに，パルス周波数f[pps]のパルス電圧を加えて駆動すると，1分あたりの回転速度n[min^{-1}]は，次式で表される。

$$n = \frac{60 \times f}{S}$$

1 ステッピングモータについて，次の文の（　）に適切な語句を書き入れよ。

(1) （①　　　　　）電圧で（②　　　　　　　）ごとに回転子を回転駆動するモータをステッピングモータ，またはパルスモータという。このモータを回転させるためには（③　　　　　　）が必要である。

(2) ステッピングモータの駆動には，（①　　　　　）発生回路，（②　　　　　）制御回路，（③　　　　　　　）回路が必要である。

(3) ステッピングモータは，パルス電圧が送られるたびに，（①　　　　　　）角度[°]を1ステップとして回転子が（②　　　　）する。

2 次の文は，ステッピングモータの特徴を表している。（　）に適切な語句を書き入れよ。

① 入力パルス数やパルス周波数を制御することで，（①　　　　　）決めや（②　　　　　　）が正確にできる。

② 始動時のトルクが最も（③　　　　　），回転速度の（④　　　　　）にともないトルクが（⑤　　　　　）する。

③ 通電中に，入力パルスが加わらない状態では，回転子を固定する（⑥　　　　　）が働く。

④ 低速度の回転では（⑦　　　　）を生じる。また，パルス周波数を急激に変化させると（⑧　　　　　）がすることがある。

3 ステップ角$\theta = 2.4$のステッピングモータがある。このモータをパルス周波数$f = 1\,200$ ppsで駆動したときのモータの回転速度n[min^{-1}]を求めよ。

2　電動機の活用　(教科書 p. 231〜236)

学習のポイント

1. 電動機を動力源として利用する場合は，特性や使用条件にあった電動機を選ぶ。

2. 電動機の選定では，負荷の特性と電動機の特性が安定な関係をもつようにする。

1　電動機の利用について，次の文の(　　)に適切な語句を書き入れよ。

(1)　電動機を動力源として使用する場合，選定条件が四つある。

1)　負荷に最も適した(① 　　　　　　　　)特性をもっていること。

2)　使用場所の気温や通風に適した(② 　　　　　　　)方式のものであること。

3)　使用場所に応じた(③ 　　　　　)，(④ 　　　　　　)形式のものであること。

4)　負荷に応じた(⑤ 　　　　　)方式・(⑥ 　　　　　　)方式のものであること。

(2)　電動機選択の経済的条件として(① 　　　　　)費や(② 　　　　　)の費用も考慮し，さらに

(③ 　　　　　　　)が高く，(④ 　　　　　　　)や(⑤ 　　　　　　　　　)に配慮したものを選ぶ

など，細かい検討が必要である。

2　下図は，負荷および誘導電動機のトルク特性を表している。次の文の(　　)に適切な語句を
書き入れよ。

(1)　負荷の特性は，一般に回転
速度に対する(① 　　　　　　)の
変化で表される。(② 　　　　　)
した運転をするためには，こ
の特性に適した電動機を選択
する必要がある。右図(a)は,
誘導電動機および負荷のトル
ク−速度特性である。

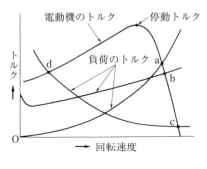

(a)　トルク-速度特性曲線

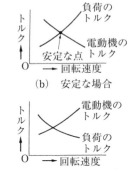

(b)　安定な場合

(c)　不安定な場合

負荷と電動機のトルク-速度特性

(2)　誘導電動機は，停動トルク
時より回転速度が(① 　　　　　)

領域では，図(b)のように回転速度が(② 　　　　　)すると電動機の(③ 　　　　　　)が減少する
特性をもつため，図(a)の点 a, b, c で速度は(④ 　　　　　)となる。

(3)　停動トルク時よりも回転速度が(① 　　　　　)領域では，図(c)のように負荷トルクが変動する
と，電動機が(② 　　　　　　)したり回転速度が(③ 　　　　　　)したりするため，

(④ 　　　　　　　)となる。そのため，電動機を(⑤ 　　　　　)に運転し続けるためには，図(b)
の特性をもつ領域で利用する必要がある。

第7章　パワーエレクトロニクス

1 パワーエレクトロニクスとパワー半導体デバイス （教科書 p. 241〜251）

1 パワーエレクトロニクス　2 電力変換　3 電力変換回路

（教科書 p. 241〜243）

学習のポイント

1. パワーエレクトロニクスとは，**パワー半導体デバイス**を用いて，電力変換や電力制御を高効率・高精度に行う技術である。

2. パワーエレクトロニクスは，省エネルギーに貢献でき，地球環境・エネルギーの問題解決にとって重要な技術である。

---

1 パワーエレクトロニクスと電力変換について，次の文の（　）に適切な語句を書き入れよ。

(1) パワーエレクトロニクスとは，(① 　　　　　　　　　　　　　　　　)を用いて，
(② 　　　　　　)，(③ 　　　　　　)，(④ 　　　　　　　　　)，(⑤ 　　　　　　)などの電気特性を効率よく変える技術である。

(2) パワーエレクトロニクスの技術は，(① 　　　　　　)や(② 　　　　　　)などの電力分野から，通信システムや工場などの制御用電源装置，(③ 　　　　　　)の駆動や(④ 　　　　　)・(⑤ 　　　　　)などの交通分野，(⑥ 　　　　　　　　　)，(⑦ 　　　　　　　　　)などの産業分野に使われている。

(3) 交流から直流への電力変換を(① 　　　　　　)といい，その変換装置を(② 　　　　)装置という。逆に，直流から交流への電力変換を(③ 　　　　　　)といい，その変換装置を
(④ 　　　　　　　　)という。

(4) 直流電力を別の直流電力に変換する方式を(① 　　　　　　　　)といい，その変換装置には
(② 　　　　　　　　　　)やスイッチングレギュレータなどがある。また，交流電力を別の交流電力に変換する方式を(③ 　　　　　　　)といい，その変換装置には(④ 　　　　　　)コンバータやマトリックスコンバータなどがある。

(5) パワーエレクトロニクスでは，(① 　　　　　　　)デバイスを機械式スイッチと同じように
(② 　　　　　　)動作に用いるので，(③ 　　　　　　　　　)デバイスという。
(③ 　　　　　　　　)デバイスは，機械式スイッチの接点抵抗に相当する
(④ 　　　　　)があり，電流が流れると(⑤ 　　　　)するが，その量はわずかであるので，半導体デバイスのオンオフ動作は，(⑥ 　　　　　　　　)を効率よく行える。

4 半導体バルブデバイスとその性質 （教科書 p. 244～250）

学習のポイント

1. 半導体バルブデバイスには，**整流ダイオード**（FRD，SBD），**サイリスタ**（SCR，GTO，トライアック，光トリガサイリスタ），**パワートランジスタ**（バイポーラパワートランジスタ，パワーMOSFET，IGBT）などがある。

2. 半導体バルブデバイスの動作は，オンオフのスイッチング動作である。

1 半導体バルブデバイスについて，次の文の（　　）に適切な語句または記号を書き入れよ。

(1) 図1の整流ダイオードは，（①　　　　）半導体と（②　　　　）半導体を接合した構造をしており，二つの電極をもつ。（③　　　　）A から（④　　　　）K への（⑤　　　　）方向には，導体に近い抵抗率を示し，K から A への（⑥　　　　）方向には，絶縁体に近い抵抗率を示す。前者を（⑦　　　　）状態，後者を（⑧　　　　）状態という。

(2) 図2のサイリスタ（SCR）は，シリコン半導体の（①　　　　）の4層構造からなっており，（②　　　　）A，（③　　　　）K に（④　　　　）G を加えた三つの端子が設けられている。

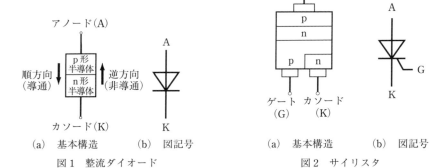

(a) 基本構造　　　(b) 図記号
図1　整流ダイオード

(a) 基本構造　　　(b) 図記号
図2　サイリスタ

2 半導体バルブデバイスについて，次の文の（　　）に適切な語句または記号を書き入れよ。

(1) 図3で，S_1 を閉じても，R を通る（①　　　　）電流 I_A はほとんど流れず，サイリスタは（②　　　　）状態である。この状態で S_2 を閉じ，（③　　　　）G に正の電流 I_G を流すと，サイリスタには電流（④　　　　）が流れて，（⑤　　　　）状態になる。サイリスタをオフ状態にするには，A から K に流れる電流の値を（⑥　　　　）以下にするか，A-K 間の電源電圧 V を一瞬（⑦　　　　）に接続してオフにする。

(2) サイリスタが，オフ状態からオン状態に移ることを（①　　　　）といい，オン状態からオフ状態に移ることを（②　　　　）という。

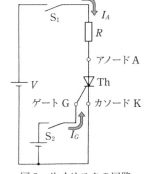

図3　サイリスタの回路

2 整流回路と交流電力調整回路 （教科書 p. 252～258）

学習のポイント

1. 整流回路には，**単相半波整流回路**，**単相全波整流回路**（単相ブリッジ整流回路），**三相全波整流回路**（三相ブリッジ整流回路），**交流電力調整回路**などがある。

2. サイリスタを用いた整流回路の場合，サイリスタの**制御角**を変化させることで，出力電圧を制御できる。

---

1 整流回路について，次の文の（　）に適切な語句または記号を書き入れよ。

(1) 図 1(a) はサイリスタを用いた(①　　　　　　　　)回路で，図(b)は負荷が(②　　　　)の場合の電圧・電流特性である。交流電源電圧 v が 0～π rad の間で，位相角 α でサイリスタを(③　　　　　　)させると電流 i_d が流れる。π～2π rad では，サイリスタには(④　　　　)電圧が加わるので，(⑤　　　　　)して電流は流れない。

(2) 位相角 α を(①　　　　　)といい，α を変化させることで(②　　　　　)の大きさを制御することができる。

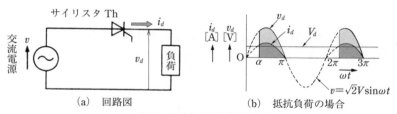

図 1　半導体整流回路と波形

2 整流回路について，次の文の（　）に適切な語句を書き入れよ。

6 個のサイリスタを用いて，三相交流を全波整流する(①　　　　　　)整流回路では，三相電源の線間電圧 $v = \sqrt{2}V\sin\omega t$ [V]，線間電圧の実効値を V [V]とすると，直流平均電圧 V_d [V] は，(②　　　　　)α が $0 \leqq \alpha \leqq \dfrac{\pi}{3}$ rad の範囲では，$V_d \fallingdotseq 1.35\,V\cos\alpha$ で示される。サイリスタのかわりに 6 個の(③　　　　　　)を使用した三相全波整流回路の直流平均電圧 V_d [V] は，$\alpha = 0$ rad とおいて，$V_d = 1.35\,V$ となる。

3 サイリスタを用いた単相全波整流回路に単相 100 V の交流電源を接続し，制御角 $\dfrac{\pi}{6}$ rad で整流して 10 Ω の抵抗負荷に加えるとき，加わる直流平均電圧 V_d [V] および流れる電流 I_d [A] はいくらか。

〔ヒント〕
単相ブリッジ整流回路の直流平均電圧・電流

$$V_d = 0.9V\frac{1+\cos\alpha}{2}$$

$$I_d = \frac{V_d}{R}$$

❸ 直流チョッパ （教科書 p. 259～264）

学習のポイント
---

1. 直流チョッパは，直流電力の電圧の大きさを可変する変換装置で，出力電圧は，半導体バルブデバイスのオンとオフの時間を変えることによって制御できる。

2. 直流チョッパには，**直流降圧チョッパ**，**直流昇圧チョッパ**および**直流昇降圧チョッパ**がある。

---

1 直流チョッパについて，次の文の（　　）に適切な語句または記号を書き入れよ。

(1) 直流チョッパには，出力電圧が 0 V から電源電圧まで変えられる（① 　　　　）チョッパ，電源電圧以上に変えられる（② 　　　　）チョッパ，この二つを組み合わせた（③ 　　　　）チョッパがある。

(2) 下図(a)のように，スイッチ S の開閉を繰り返すと，負荷には断続した（① 　　　　）状の直流出力が得られ，スイッチの（② 　　　　）と（③ 　　　　）の時間を変えることで出力電圧 V_o が調整できる。

(3) 図(b)は，（① 　　　　）チョッパ回路で，チョップ部がオンの期間では負荷に電源電流（② 　　　　）が流れ，オフの期間になると（③ 　　　　）L に蓄えられたエネルギーで電流（④ 　　　　）が流れ，負荷電流 i_d は図(c)のような連続した脈動電流になる。

(4) 直流降圧チョッパでは，直流平均出力電圧 V_d は，電源電圧 V より（① 　　　　）なり，直流昇圧チョッパでは，（② 　　　　）なる。

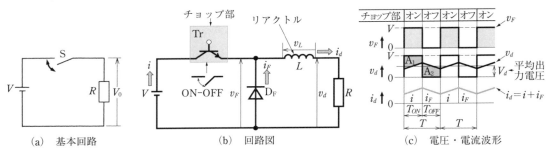

(a) 基本回路　　　　　　　(b) 回路図　　　　　　　(c) 電圧・電流波形

2 直流チョッパの利用について，次の文の（　　）に適切な語句を書き入れよ。

(1) 直流チョッパは，効率よく（① 　　　　）制御ができるので，小・中容量の（② 　　　　）電源として通信機器，（③ 　　　　）機器，コンピュータ用電源に用いられている。

(2) 直流チョッパは，直流電動機の（① 　　　　）電圧を変えて，（② 　　　　）制御ができる。

(3) 直流チョッパを用いて，電動機の減速時には，電動機を（① 　　　　）として動作させ，発生した電力を電源に（② 　　　　）して（③ 　　　　）を得ている。

4 インバータとその他の変換装置 （教科書 p.265～277）

1 インバータの原理 　 2 インバータの出力電圧調整
3 方形波インバータの波形改善 （教科書 p.265～270）

学習のポイント

1. 半導体バルブデバイスを用いて直流電力を交流電力に変換する装置を**インバータ**という。

2. インバータの出力電圧調整には，**パルス幅制御**と**パルス幅変調制御**（PWM 制御）がある。

---

1 インバータの原理について，次の文の（　　）に適切な語句または記号を書き入れよ。

(1) 直流電力を交流電力に変換することを（① 　　　　　）といい，この装置を

（② 　　　　　　）装置または（② 　　　　　　）という。

(2) 下図の回路において，t_0 [s] で S_1 と（① 　　　　）を閉じると負荷 R には V が加わり，

（② 　　　　）→（③ 　　　　）→（④ 　　　　）へと負荷電流が流れる。次に，t_1 [s] で S_1 と S_4 を開く

と同時に，（⑤ 　　　　）と（⑥ 　　　　）を閉じると R には反対方向の（⑦ 　　　　）→（⑧ 　　　　）

→（⑨ 　　　　）へと負荷電流が流れる。これを繰り返すことで，（⑩ 　　　　）を（⑪ 　　　　）に

変換できる。t_0～t_2 までの時間 T を変えることで，交流出力の（⑫ 　　　　　　）を変えること

ができる。

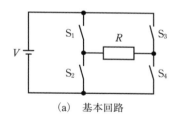

(a) 基本回路

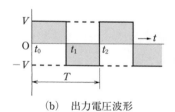

(b) 出力電圧波形

2 インバータの出力電圧について，次の文の（　　）に適切な語句を書き入れよ。

(1) インバータの出力電圧の大きさを調整するには，（① 　　　　　　）を変えて，スイッチング

1（② 　　　）の（③ 　　　　　）を変える

方法がある。

(2) パルス幅制御の出力波形には，

（① 　　　　　　）が多く含まれる。

そこで，方形波パルスを分割し，

（② 　　　　　　）を時間的に変化させて

（① 　　　　　　）を減らす方法が

（③ 　　　　　　）制御である。

(3) 右上図は，PWM 制御法によるインバー

タの動作波形である。出力波形は，（① 　　　　　）が少なく，（② 　　　　　　）に近い。

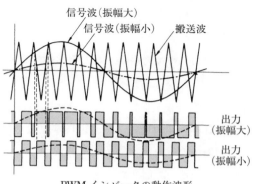

PWM インバータの動作波形

④ インバータの利用　⑤ その他の変換装置 （教科書 p.271〜276）

┌─── 学習のポイント ───
1. インバータは，VVVF 電源装置（可変電圧可変周波数電源装置）に利用される。

2. 交流電力系統に瞬時電圧降下や停電などの電源障害が発生した場合，無停電で電源を供給する装置として，**無停電電源装置**（UPS）がある。

3. 住宅用のパワーコンディショナ（PCS）は，太陽電池が発電した直流電力を交流電力に変換し，家庭内の負荷や電力系統に電力を供給する装置である。

1 インバータの利用について，次の文の（　　）に適切な語句を書き入れよ。

(1) VVVF 電源装置は，誘導電動機や同期電動機の電源に用いられ，電動機の回転速度に適した（①　　　　　）と（②　　　　　）に可変制御できる電源装置である。VVVF（③　　　　　）装置ともよばれる。

(2) VVVF 電源装置は，空調用（①　　　　　），（②　　　　　），（③　　　　　），（④　　　　　），（⑤　　　　　）などの電動機の制御に広く利用されている。

また，電動機を動力とする電気鉄道，電気自動車，エレベータなどは（⑥　　　　　）時に電動機を（⑦　　　　　）として運転し，発生した（⑧　　　　　）を電源，または蓄電装置に（⑨　　　　　）させることができる。

(3) 無停電電源装置（UPS）は，交流電力系統に瞬時（①　　　　　）や（②　　　　　）などの電源障害が発生した場合，（③　　　　　）で電源を供給する装置である。（④　　　　　）を内蔵しており，電源障害を検出すると，この（④　　　　　）から電力を供給する。

(4) （①　　　　　）は，直流電力を安定した交流電力に変換するだけでなく，太陽電池から多くの電力を取り出すための（②　　　　　）や，異常時や故障時のための（③　　　　　）などを備えている。

(5) 住宅用の（①　　　　　）装備は，（②　　　　　）が発電した（③　　　　　）を（④　　　　　）により系統電源と同じ（⑤　　　　　）に変換し，家庭内の負荷や電力系統へ電力を供給する装置である。

2 周波数変換装置について，次の文の（　　）に適切な語句を書き入れよ。

(1) 日本の商用周波数は，東日本地域が（①　　　　　）Hz，西日本地域は（②　　　　　）Hz である。両地域の電力は，（③　　　　　）装置を通して電力融通が行われている。

(2) 交流電力の周波数変換装置には，交流をいったん直流に変換し，これを別の周波数の交流に変換する（①　　　　　）変換装置と，（②　　　　　）コンバータや（③　　　　　）コンバータのように，直流を介することなく，じかに交流の周波数を変換する（④　　　　　）変換装置がある。

電気機器演習ノート

解　答　編

第1章　直流機

1 直流機(p.2)

1 直流機の原理(p.2)

1 (1)　①磁極　　②フレミング　　③右手
　　　　④起電力

　　(2)　① $2Blu\sin\theta$　　②正弦波　　③交流

　　(3)　①整流子片　　②ブラシ

2 (1)　①フレミング　　②左手　　③電磁力

　　(2)　①.②発電機, 電動機　　③脈動　　④整流子片

2 直流機の構造　 3 電機子巻線法(p.3)

1 (1)　①界磁　　②磁束　　③0.8～1.6

　　(2)　①継鉄　　②通路　　③鋳鉄

　　(3)　①電機子巻線　　②0.35　　③0.5
　　　　④電磁鋼板　　⑤積層　　⑥渦電流
　　　　⑦電機子巻線　　⑧スロット(溝)

　　(4)　①軟銅線　　②平角線　　③きっ甲
　　　　④整流子片

　　(5)　①重ね巻　　②波巻

2 ①継鉄　　②界磁鉄心　　③界磁巻線
　　④電機子鉄心　　⑤電機子巻線　　⑥整流子
　　⑦軸受(ボールベアリング)
　　⑧ブラシ, ブラシ保持器　　⑨回転軸

2 直流発電機(p.4)

1 直流発電機の理論(1)（起電力の大きさ）(p.4)

1 (1)　①極数　　②並列回路数
　　　　③1極あたりの磁束　　④Wb
　　　　⑤電機子の全導体数　　⑥回転速度　　⑦ $\min^{-1}$

　　(2)　①構造　　②磁束

2 (1)　①0.2　　②0.1　　③2.83

　　(2)　$\Phi = \dfrac{60Ea}{Zpn} = \dfrac{60\times120\times2}{200\times6\times1\,200} = \underline{0.01\,\text{Wb}}$

1 直流発電機の理論(2)（電機子反作用）(p.5)

1 ①負荷　　②電流　　③界磁電流　　④界磁磁束
　　⑤中性軸　　⑥電機子巻線　　⑦短絡
　　⑧整流子片　　⑨回転

2 ①電機子　　②電機子　　③減磁　　④ F
　　⑤減磁　　⑥交差　　⑦垂直　　⑧交差磁化

3

2 直流発電機の種類と特性(1) (p.6)

1 ①界磁抵抗　　②界磁電流　　③端子電圧
　　④外部電源　　⑤界磁巻線

2 (1)　①回転速度　　②起電力　　③界磁電流
　　　　④飽和　　⑤残留磁気

　　(2)　①②回転速度, 界磁電流　　③端子
　　　　④⑤ $R_aI,\ v_a$　　⑥定格電圧
　　　　⑦電機子反作用による電圧降下
　　　　⑧ブラシの接触による電圧降下
　　　　⑨電機子巻線抵抗による電圧降下

2 直流発電機の種類と特性(2) (p.7)

1 ①残留　　②界磁　　③電機子　　④増加　　⑤P

2 ①電機子巻線抵抗と界磁巻線抵抗による電圧降下
　　②ブラシの接触による電圧降下
　　③電機子反作用による電圧降下

3 (1)　$I_n = \dfrac{P_n}{V_n} = \dfrac{6\,000}{200} = \underline{30\,\text{A}}$

　　(2)　$I_f = \dfrac{V}{R_f} = \dfrac{200}{50} = \underline{4\,\text{A}}$

　　(3)　$I_a = I + I_f = 30+4 = \underline{34\,\text{A}}$

　　(4)　$E = V + R_aI_a = 200 + 0.2\times34 = \underline{207\,\text{V}}$

3 直流電動機(p.8)

1 直流電動機の理論(1)（トルクと出力）(p.8)

1 (1)　① $\dfrac{pZ}{2\pi a}$　　②並列　　③電機子電流　　④極数
　　　　⑤電機子の全導体数　　⑥1極あたりの磁束

　　(2)　1)① 220　　② 4　　③ 0.017　　④ 40　　⑤ 23.8
　　　　2)① 1\,200　　② 23.8　　③ 2.99×10^3

2 (1)　$P_o = 2\pi\dfrac{n}{60}T = \dfrac{2\times\pi\times1\,500}{60}\times100$
　　　　　 $= 15\,708\,\text{W} = \underline{15.7\,\text{kW}}$

　　(2)　$T = \dfrac{pZ}{2\pi a}\Phi I_a = \dfrac{6\times400}{2\times\pi\times6}\times0.01\times100$
　　　　　 $= \underline{63.7\,\text{N·m}}$
　　　　　 $P_o = 2\pi\dfrac{n}{60}T = \dfrac{2\times\pi\times1\,500}{60}\times63.7$
　　　　　 $= 10\,000.7\,\text{W} = \underline{10.0\,\text{kW}}$

1

(3) $n = \dfrac{60 P_o}{2\pi T} = \dfrac{60 \times 10 \times 10^3}{2 \times \pi \times 80} = \underline{1\ 194\ \text{min}^{-1}}$

1 直流電動機の理論(2)（逆起電力）(p.9)

1 $E = \dfrac{Z}{a} p\Phi \dfrac{n}{60} = \dfrac{600}{4} \times 4 \times 0.01 \times \dfrac{1\ 800}{60} = \underline{180\ \text{V}}$

2 (1) ①電機子　②電機子　③減少

(2) ① V　② E

(3) ① 215　② 0.1×50　③ 210

3 (1) $E = V - R_a I_a = 220 - (0.16 \times 50) = \underline{212\ \text{V}}$

(2) $P_o = E I_a = 212 \times 50 = 10\ 600\ \text{W} = \underline{10.6\ \text{kW}}$

(3) $T = \dfrac{P_o}{2\pi n} \times 60 = \dfrac{10\ 600 \times 60}{2 \times \pi \times 1\ 200} = \underline{84.3\ \text{N·m}}$

1 直流電動機の理論(3)（電機子反作用）(p.10)

1 (1) ①電機子電流　②逆向き

(2) ①整流子　②火花　③④補償巻線，補極

2 ①発電機　②逆向き　③逆

3

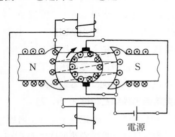

電源

2 直流電動機の特性(p.11)

1 (1) ①②分巻，直巻

(2) ①端子電圧　②負荷電流　③回転速度

(3) ①端子電圧　②負荷電流　③トルク

(4) (a) ①直巻　②分巻

(b) ①直巻　②分巻

2 (1) ① 100　② 20　③ 0.25　④ 0.25

⑤ 40　⑥ 400

(2) ① 0.35　② 40　③ 86　④ 90　⑤ 0.35

⑥ 40　⑦ 76　⑧ 76　⑨ 86　⑩ 1 060

3 直流電動機の始動と速度制御(1)(p.12)

1 (1) ① $K_1 \Phi n$（または E）　②小さ

(2) ①回転速度　② 0　③ $\dfrac{V}{R_a}$　④過大

⑤焼損　⑥直列　⑦抵抗　⑧始動抵抗

⑨始動器

(3) ①減少　②短絡　③電磁石　④停電

⑤電磁石

2 (1) $I_f = \dfrac{V}{R_f'} = \dfrac{200}{40} = \underline{5\ \text{A}}$

(2) $I_s = 3I = 3 \times 50 = \underline{150\ \text{A}}$

(3) $I_{as} = I_s - I_f = 150 - 5 = 145\ \text{A}$

$R = \dfrac{V}{I_{as}} - R_a = \dfrac{200}{145} - 0.1 = \underline{1.28\ \Omega}$

3 直流電動機の始動と速度制御(2)(p.13)

1 (1) ①界磁調整器　②界磁磁束　③大きさ

(2) ①電機子　②電力損失

(3) ①電機子巻線　②サイリスタ

③直流　　　　④静止レオナード

2 ① 220　② 55　③ 50　④ 1 500　⑤ 0.2

⑥ 50　⑦ 0.2　⑧ 2.1

3 (1) ①②電機子電流，界磁電流

(2) ①抵抗器　②他励発電機

4 直流機の定格(p.14)

1 (1) ①～④電圧，電流，出力，回転速度

(2) ①定格負荷

(3) ①電機子　②界磁　③鉄心　④軸受

2 (1) ① 10×10^3　② 0.85　③ 11.8

④ 11.8×10^3　⑤ 110　⑥ 107　⑦ 7

⑧ 100

(2) $\eta = \dfrac{P_a}{P_i} = \dfrac{5\ 000}{5\ 000 + 180 + 620} \times 100 = \underline{86.2\%}$

(3) $I_a = \dfrac{P_n}{V} + I_f = \dfrac{3 \times 10^3}{100} + 1 = 31\ \text{A}$

$R_a I_a = 0.05 \times 31 = 1.55\ \text{V}$

$V_0 = V + R_a I_a + V_a + V_f$

$\quad = 100 + 1.55 + 1.8 + 0.65 = 104\ \text{V}$

$\varepsilon = \dfrac{V_0 - V_n}{V_n} \times 100 = \dfrac{104 - 100}{100} \times 100 = \underline{4\%}$

第2章　電気材料

1 導電材料　2 磁性材料(p.15)

1 (1) ①精錬　②電気銅　③硬銅　④整流子片

⑤送電

(2) ① 450　②巻線　③④電線，コード

(3) ① $\dfrac{1}{3}$　②半分　③送電線路

(4) ①巻線　②マグネット　③平角線

(5) ①電気抵抗　②絶対温度　③電気抵抗

④超電導　　⑤大電流

2 (1) ①透磁率　②磁束密度　③炭素　④鉄心

(2) ①抵抗率　②渦電流　③絶縁

(3) ①無方向性　②ヒステリシス　③方向性

④回転機　　⑤変圧器

3 絶縁材料(p.16)

1 (1) ①ジュール熱　②誘電損　③鉄損

④上昇　　　⑤絶縁

(2) ①温度上昇限度　②最高使用温度　③ 40 ℃

(3) ① 90　② 105　③ 120　④ 130　⑤ 155

⑥ 180　⑦ 200　⑧ 220　⑨ 250

2 (A)—(b) (B)—(d) (C)—(c) (D)—(a) (E)—(f) (F)—(e)
(G)—(g) (H)—(i) (I)—(h)

第3章 変圧器

1 変圧器の構造と理論(p.17)

1 変圧器の構造(p.17)

1 (1) ①ブッシング ②二次巻線 ③一次巻線
④鉄心 ⑤タップ板
(2) ①一次 ②二次 ③ 絶縁油
④⑤絶縁, 冷却 ⑥内鉄形 ⑦外鉄形
⑧高電圧大容量 ⑨低電圧大電流

2 (1) ①透磁率 ②渦電流損 ③4.5 ④絶縁皮膜
(2) ①②短冊, 巻 (3) ①損失 ②軽く

2 変圧器の理論(1)(理想変圧器)(p.18)

1 (1) ① $\Phi_m \omega N_1$ ② $4.44 f N_1 \Phi_m$ ③ $\Phi_m \omega N_2$
④ $4.44 f N_2 \Phi_m$
(2) ① $\dfrac{N_1}{N_2}$ ②巻数比

2 (1) ① $\dfrac{\pi}{2}$ ②誘導
(2) ① $\dot{E}_2 = \dot{V}_2$ ② $\dot{\Phi}$ ③ $\dot{I}_2$ ④ $\dot{I}_1$
(3) ① N_1 ② N_2 ③ I_2 ④ I_1
(4) ① $V_1 = a V_2 = 30 \times 105 = \underline{3\,150\,\text{V}}$
② $I_2 = \dfrac{P}{V_2} = \dfrac{10 \times 10^3}{105} = \underline{95.2\,\text{A}}$
③ $I_1 = \dfrac{I_2}{a} = \dfrac{95.2}{30} = \underline{3.17\,\text{A}}$

2 変圧器の理論(2)(実際の変圧器)(p.19)

1 (1) ①②磁気飽和, ヒステリシス
③鉄損角
(2) ①同相 ②鉄損 ③磁化
(3) ①磁化電流, $\dot{I}_{0l}$ ②鉄損電流 $\dot{I}_{0w}$

2 ①一次巻線の抵抗 ②二次巻線の抵抗
③一次漏れリアクタンス
④二次漏れリアクタンス ⑤励磁コンダクタンス
⑥励磁サセプタンス ⑦一次電流
⑧一次負荷電流 ⑨励磁電流 ⑩二次電流

3 $Y_0 = \dfrac{I_0}{V_1} = \dfrac{0.11}{3\,300} = \underline{3.33 \times 10^{-5}\,\text{S}}$

$g_0 = \dfrac{\text{鉄損}}{V_1^2} = \dfrac{60}{3\,300^2} = \underline{5.51 \times 10^{-6}\,\text{S}}$

$b_0 = \sqrt{Y_0^2 - g_0^2} = \sqrt{(3.33 \times 10^{-5})^2 - (5.51 \times 10^{-6})^2}$
$\qquad = \underline{3.28 \times 10^{-5}\,\text{S}}$

3 変圧器の等価回路(1)(p.20)

1 (1) ① $\dot{V}_2$ ② $\dot{I}_2$ ③ $r_2 \dot{I}_2$ ④ $\dot{E}_2$ ⑤ $\dot{E}_1$
⑥ $\dot{I}_0$ ⑦ $\dot{I}_1{}'$ ⑧ $\dot{I}_1$ ⑨ $r_1 \dot{I}_1$ ⑩ $j x_1 \dot{I}_1$
⑪ $\dot{V}_1$ ⑫ α_0

---

2 (1) ① $\dot{V}_1$ ② $\dot{I}_1$ ③ $\dot{I}_1{}' = \dfrac{1}{a} \dot{I}_2$ ④ $r_2{}' = a^2 r_2$
⑤ $x_2{}' = a^2 x_2$ ⑥ $\dot{V}_2{}' = a \dot{V}_2$ ⑦ $\dot{Z}_L{}' = a^2 \dot{Z}_L$
(2) ① a ②15 ③11.3 ④ $a \dot{V}_2$ ⑤5.15
⑥3 150 ⑦ $\dfrac{I_2}{a}$ ⑧42 ⑨15 ⑩2.8

3 変圧器の等価回路(2)(p.21)

1 (1) ①20 ②30² ③0.03 ④47 ⑤30
⑥0.06 ⑦84 ⑧2 ⑨1 800
⑩250 ⑪0.041 7 ⑫6 000
⑬6.95×10⁻⁶ ⑭0.05²−0.041 7²
⑮0.027 6 ⑯4.60×10⁻⁶
⑰(47+1 800)²+84² ⑱3.25
(2) ①0.052 2 ②0.093 3 ③0.006 26
④0.004 14 ⑤200 ⑥2 ⑦1.5 ⑧97.4

2 変圧器の特性(p.22)

1 変圧器の電圧変動率(1)(p.22)

1 ①銘板 ②二次電圧 ③力率 ④温度 ⑤kV·A

2 (1) ① $\dfrac{r_1}{a^2}$ ② $\dfrac{x_1}{a^2}$
(2) ① a^2
(3) ① $\overrightarrow{ae}$ ② V_{2n} ③ $r_{21} I_{2n} \cos\theta$ ④ $x_{21} I_{2n} \sin\theta$
(4) ①百分率抵抗降下
②百分率リアクタンス降下
③ $\dfrac{r_{21} I_{2n}}{V_{2n}} \times 100$ ④ $\dfrac{x_{21} I_{2n}}{V_{2n}} \times 100$
(5) ① $\dfrac{x_{12} I_{1n}}{V_{1n}}$

1 変圧器の電圧変動率(2)(p.23)

1 ①短絡 ②インピーダンス電圧 ③ $\dfrac{x_{12} I_{1n}}{V_{1n}}$
④ q

2 (1) ①30 ②0.015 6 ③0.008 44
④20 000 ⑤200 ⑥3.12
⑦1.69 ⑧3.55
(2) ①0.8 ②3.8 ③0.6 ④4.52
(3) ①20 000 ②5 000 ③4 ④100
⑤4 ⑥5 ⑦80

2 変圧器の損失と効率(1)(p.24)

1 ①負荷損 ②鉄損 ③漂遊無負荷損
④ヒステリシス損 ⑤二次巻線

2 (1) ①磁束密度 ②周波数 ③鋼板の厚さ
④波形率
(2) ①高圧側 ②電力
(3) ①短絡 ②定格 ③④電圧, 電力
⑤インピーダンス電圧
⑥インピーダンスワット

2 変圧器の損失と効率(2)(p.25)

1 (1) ①実測 ②規約
(2) ① $V_{2n} I_2 \cos\theta$ ②一定

2 (1) ①効率　②最大効率　③銅損　④鉄損

(2) ①鉄損　②銅損　③最大値　④75

　　　⑤最大

3 $\eta = \dfrac{20 \times 0.8}{20 \times 0.8 + 0.2 + 0.4} \times 100 = \underline{\textbf{96.4\%}}$

2 **変圧器の損失と効率⑶ (p.26)**

1 1日の出力電力量 $= 50 \times 1 \times \dfrac{1}{2} \times 6 + 50 \times 0.8 \times 1 \times 8$

　　　　　　　　　 $= 470\ \mathrm{kW \cdot h}$

1日の鉄損電力量 $= 0.3 \times (10 + 6 + 8) = 7.2\ \mathrm{kW \cdot h}$

1日の銅損電力量 $= 0.7 \times \dfrac{1}{2^2} \times 6 + 0.7 \times 1^2 \times 8$

　　　　　　　　　 $= 6.85\ \mathrm{kW \cdot h}$

全日効率 $= \dfrac{470}{470 + 7.2 + 6.85} \times 100 = \underline{\textbf{97.1\%}}$

2 ①600　②1 200　③300　④$\dfrac{3}{4}$　⑤675

3 ①10 000　②95.1　③0.548

　　④5.48　⑤5 480　⑥120　⑦95.8

4 ①0.9　②4　③$\dfrac{1}{2}$　④8　⑤1 440

　　⑥24　⑦48　⑧18　⑨95.6

3 **変圧器の温度上昇と冷却(p.27)**

1 (1) ①銅損　②最高使用

(2) ①測温抵抗体

(3) ①55　②65　③60

(4) ①温度　②基準温度　③310

(5) ①絶縁耐力　②冷却　③耐力　④高い

　　　⑤凝固　⑥安定　⑦反応　⑧冷却　⑨環境

2 (1) ①負荷　②温度　③収縮　④外気

　　　⑤呼吸

(2) ①コンサベータ　②ブリーザ

3 変圧器の結線(p.28)

1 **並列結線(p.28)**

1 (1) ①相対的　②③並行運転, 三相結線

(2) ①同一　②短絡　③循環　④焼損

(3)

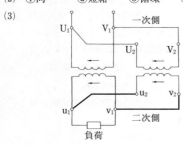

2 (1) ①減極性　②加極性　③80

(2) ①U　②V　③u　④v

(3) 減極性

3 (1) ①極性　②一致

(2) ①巻数比　②等しい

(3) ①巻線抵抗　②漏れリアクタンス

　　　③$\dfrac{r}{x}$　④等しい

(4) ①短絡インピーダンス　②等しい

2 **三相結線⑴ (p.29)**

1 (1) ①△（または三角）　②$\dfrac{1}{\sqrt{3}}$　③同相

　　　④等し　⑤配電用　⑥可能　⑦$\dfrac{1}{\sqrt{3}}$

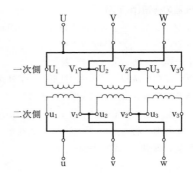

(2) ①20　②60　③15　④200　⑤3 000

　　⑥$20 \times 10^3$　⑦100　⑧173　⑨6.67　⑩11.6

2 **三相結線⑵ (p.30)**

1 (1) ①△（または三角）　②Y（または星形）

(2)

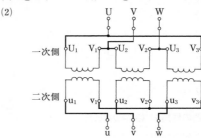

(3) ①210　②364　③10　④21　⑤15

　　⑥1.4　⑦2.42

2 (1) ①Y（または星形）　②△（または三角）

(2)

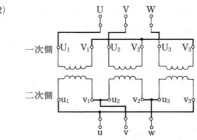

(3) ①3 150　②15　③121　④12.1

　　⑤21.0　⑥0.807

2 **三相結線⑶ (p.31)**

1 (1) ①Y（または星形）　②第3　③波形　④障害

(2)

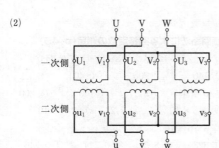

2 (1)

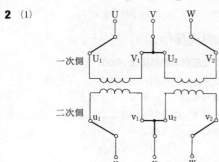

(2) ① $\dot{V}_u$　② $\dot{V}_v$　③ $\dot{V}_{uv} + \dot{V}_{vw}$　④ $\dot{V}_u + \dot{V}_v$

(3) ① $-(\dot{V}_{uv} + \dot{V}_{vw}) = -(\dot{V}_u + \dot{V}_v)$

　② $\dot{V}_{uv} + \dot{V}_{vw} = \dot{V}_u + \dot{V}_v$

❷ 三相結線 (4) (p.32)

1 (1) ①相　②定格電流　③ $V_n I_n$　④定格容量

　(2) ① $\sqrt{3}\,P$　② $2P$　③ 0.866　④ $\sqrt{3}\,P$

　　　⑤ $3P$　⑥ 0.577

2 $P = \sqrt{3} \times 50 = \underline{86.6\,\text{kV·A}}$

3 バンクの出力 $P_v =$ バンク容量×力率

　　 $= \sqrt{3} \times 100 \times 0.8 = \underline{139\,\text{kW}}$

4 $\dfrac{\text{負荷の容量} - \text{V結線のバンク容量}}{\text{V結線のバンク容量}} \times 100$

　　 $= \dfrac{24 - \sqrt{3} \times 10}{\sqrt{3} \times 10} \times 100 = \underline{38.7\%}$

❹ 各種変圧器 (p.33)

❶ 三相変圧器　❷ 特殊変圧器 (p.33)

1 ①軽く　②床面積　③油　④価格　⑤容易

2 (1) ①分路　②直列　③漏れ磁束　④小さい

　(2) ① V_2　② V_1　③ $V_2 I_2$

　(3) $I_2 = \dfrac{P}{V_2 - V_1} = \dfrac{20 \times 10^3}{600} = 33.3\,\text{A}$

　　 $P = V_2 I_2 \cos\theta = 6\,600 \times 33.3 \times 0.8 = \underline{176\,\text{kW}}$

3 (1) ①三巻線　②進相用コンデンサ　③力率

　(2) ①漏れ磁束　②減少　③定電流

　　　④蛍光灯　⑤⑥アーク溶接機, ネオン管

　(3) ①一相　②不平衡　③変成

　　　④スコット結線

❸ 計器用変成器 (p.34)

1 (1) ①大電流　②変流器　③変流比

(2) ①二次側　②短絡　③高圧

(3) ①高電圧　②計器用変圧器

(4) ①皮相　(5) ①接地

(6) ① $V_1 = K_{VT} V_2 = 33 \times 98 = \underline{3\,234\,\text{V}}$

　② $I_1 = K_{CT} I_2 = 20 \times 2 = \underline{40\,\text{A}}$

　③ $W = P K_{VT} K_{CT} = 160 \times 33 \times 20 = \underline{106\,\text{kW}}$

　④ $\cos\theta = \dfrac{W}{V_1 I_1} = \dfrac{106 \times 10^3}{3\,234 \times 40} = \underline{0.819}$

2 (1) ① 5　② 150　③絶縁　④二次

　(2) ①大　②高　③集中管理

第4章　誘導機

❶ 三相誘導電動機 (p.35)

❶ 三相誘導電動機の原理 (p.35)

1 ①起電力　②渦電流　③電磁力(力)　④同じ

2 (1) ①三相　②合成磁束　(2) ① f　② 50

　(3) ①同期速度

3 $n_s = \dfrac{120f}{P} = \dfrac{120 \times 60}{4} = \underline{1\,800\,\text{min}^{-1}}$

❷ 三相誘導電動機の構造 (p.36)

1 (1) ①② 0.35, 0.5　③スロット　④積層

　(2) ①巻線絶縁　②スロット

2 (1) ①棒状導体　②短絡

　(2) ①積層　②三相　③スリップリング　④可変

❸ 三相誘導電動機の理論(1) (p.37)

1 (1) ① 50　② 4　③ 6 000　④ 1 500

　(2) ① 1 500　② 1 440　③ 0.04　④ 4

　(3) ① n_s　② n_s　③ n_s　④ n_s　⑤ n_s　⑥ s

　(4) ① 50　② 6　③ 6 000　④ 1 000

　　　⑤ 0.05　⑥ 950

2 ① 0.05　② 50　③ 2.5

❸ 三相誘導電動機の理論(2) (p.38)

1 (1) ① sE_2　② sE_2　③ r_2　④ sx_2　⑤ $\dfrac{1}{s}$　⑥ x_2

　(2) ① 1　② E_2　③ r_2　④ x_2　⑤ r_2　⑥ $\dfrac{r_2}{s}$

　(3) $I_2 = \dfrac{sE_2}{\sqrt{r_2^2 + (sx_2)^2}} = \dfrac{0.03 \times 100}{\sqrt{0.05^2 + (0.03 \times 0.04)^2}}$

　　 $= \dfrac{3}{0.05} = \underline{60\,\text{A}}$

2 ① 30　② 60　③ 2

❹ 三相誘導電動機の等価回路(1)(等価回路) (p.39)

1 (1) ①変圧器

　(2) ① $\dfrac{r_2}{s}$　② $1 - s$

　(3) ① I_2　② $\dfrac{r_2}{s}$　③ I_2　④ $\dfrac{1-s}{s}$

　　　⑤機械的　⑥等価抵抗

❹ 三相誘導電動機の等価回路(2)(諸量の計算(1)) (p.40)

1 (1) ① V_1　② $r_1 + \dfrac{r_2{}'}{s}$　③ $x_1 + x_2{}'$

(2) ① V_1　②$g_0{}^2 + b_0{}^2$　(3) ①$\dot{I_0}$　②$\dot{I_1}'$

(4) ① V_1　② I_{0w}　③ V_1　④ g_0

(5) ① I_1'　② r_1

(6) ① P_i　② P_{c1}　③ P_{c2}　④ P_o

　　⑤ $V_1 I_1 \cos\theta_1$

(7) ① I_1'　② r_2'　③ s　④ P_2

(8) ① P_{c2}　② P_o　③ $r_1 + \dfrac{r_2'}{s}$　④ $x_1 + x_2'$

(9) ① s　② P_2　(10) ① P_o　② P_2　③ s

4 三相誘導電動機の等価回路(3)（諸量の計算(2)）(p.41)

1　$I_1' = \dfrac{200}{\sqrt{\left(0.5 + \dfrac{0.4}{0.04}\right)^2 + (0.2 + 0.2)^2}} = \dfrac{200}{10.5}$

　　　　$= \underline{19.0\ \text{A}}$

2　(1) $P_o = (1-s)P_2 = (1-0.05)\times 2\times 10^3 = \underline{1.9\ \text{kW}}$

　(2) $P_{c2} = sP_2 = 0.05\times 2\times 10^3 = \underline{100\ \text{W}}$

　(3) $\eta_0 = (1-s)\times 100 = (1-0.05)\times 100 = \underline{95\%}$

3　(1) $P_1 = \dfrac{P_o}{\eta} = \dfrac{30\times 10^3}{0.88} = \underline{34.1\ \text{kW}}$

　(2) $P_2 = P_{c2} + P_o = 1 + 30 = \underline{31\ \text{kW}}$

4　(1) $n_s = \dfrac{120f}{p} = \dfrac{120\times 50}{4} = 1\,500\ \text{min}^{-1}$

　　$s = \dfrac{n_s - n}{n_s}\times 100 = \dfrac{1\,500\times 1\,440}{1\,500}\times 100 = \underline{4\%}$

　(2) $P_2 = \dfrac{P_o}{1-s} = \dfrac{20\times 10^3}{1-0.04} = \underline{20.8\ \text{kW}}$

　(3) $\eta_0 = \dfrac{P_o}{P_2}\times 100 = \dfrac{20}{20.8}\times 100 = \underline{96.2\%}$

5 三相誘導電動機の特性(1) (p.42)

1　(1) ①全負荷　②小さ　③定速度

　(2) ①同期　②出力電力　③同期

2　(1) $n_s = \dfrac{120f}{P} = \dfrac{120\times 50}{4} = \underline{1\,500\ \text{min}^{-1}}$

　(2) $n = n_s(1-s) = 1\,500\times(1-0.04) = \underline{1\,440\ \text{min}^{-1}}$

　(3) $T = \dfrac{60}{2\pi}\times\dfrac{P_o}{n} = \dfrac{60}{2\times\pi}\times\dfrac{5\,500}{1\,440} = \underline{36.5\ \text{N·m}}$

　(4) $P_2 = 2\pi\dfrac{n_s}{60}T = 2\times\pi\times\dfrac{1\,500}{60}\times 36.5 = \underline{5.73\ \text{kW}}$

5 三相誘導電動機の特性(2) (p.43)

1　(1) ①始動トルク　②③最大トルク，停動トルク

　(2) ①反比例　②増加　③滑り　④減少

2　①大きく　②滑り　③r_2'　④推移

　⑤比例推移　⑥最大

6 三相誘導電動機の運転(p.44)

1　(1) ①変圧器　②始動電流　③定格

　(2) ①Y（または星形）　②$\dfrac{1}{3}$　③△（または三角）

　(3) ①タップ　②低　③全

2　(1) ①周波数　②可変電圧可変周波数(VVVF)

　　③サイクロコンバータ

　(2) ①比例推移　②滑り　(3) ①電圧

---

(4) ①極数

7 等価回路法による回路定数の測定(p.45)

1　(1) ①1.22　②75　③19　④0.744

　(2) ①140　②200　③0.404　④3.2

　　⑤0.404　⑥3.17　⑦140　⑧200

　　⑨$3.5\times 10^{-3}$　⑩3.2　⑪3.5×10^{-3}

　　⑫2.75×10^{-2}

　(3) ①323　②8.5　③0.744　④0.746

　　⑤36　⑥8.5　⑦0.744　⑧0.746　⑨1.94

2 各種誘導機(p.46)

1 特殊かご形誘導電動機(p.46)

1　(1) ①二重　②外側　③抵抗　④内側

　　⑤漏れ磁束　⑥漏れ　⑦大きく

　(2) ①トルク　②外側　③加えた　④始動　⑤大容量

　(3) ①深い　②大きく　③小さく　④二次

　(4) ①滑り　②減少　③始動

2 単相誘導電動機(p.47)

1　(1) ①固定子　②交番　③回転　④回転子　⑤トルク

　(2) ①$\dfrac{\pi}{2}$　②高抵抗　③低リアクタンス

　　④大きい　⑤遅れた　⑥位相差

　　⑦二相　⑧70～80　⑨遠心力スイッチ

2　(1) ③　(2) ①　(3) ②

3 誘導電圧調整器　　4 誘導発電機(p.48)

1　(1) ①固定子　②回転子　③積層鉄心　④三相巻線

　(2) ①固定子巻線（直列巻線）

　　②回転子巻線（分路巻線）

　(3) ①回転子　②電源　③固定子

　(4) ①回転磁界　②起電力

　(5) ①起電力　②高圧　③整流器　④通信用

2　①正　②原動機　③同じ　④大きい

　⑤負　⑥電気的　⑦誘導

第5章　同期機

1 三相同期発電機(p.49)

1 三相同期発電機の原理と構造(1) (p.49)

1　①ブラシ　②励磁　③対称

2　①50　②4　③1 500

1 三相同期発電機の原理と構造(2) (p.50)

1　(1) ①型巻コイル　②スロット　③二層巻

　　④20 000

　(2) ①ヒステリシス損　②電磁鋼板　③渦電流損

　　④0.35～0.5　⑤積層鉄心

　(3) ①突極形　②円筒形　③水車発電機

　　④タービン発電機

2 三相同期発電機の等価回路⑴（電機子反作用）(p.51)

1 (1) ①力率　②電機子
(2) ①最大　②回転磁界　③垂直
(3) ①減少　②増加　③交差磁化
(4) ①遅れ力率　②逆　③減磁
(5) ①進み力率　②同一　③増磁

2 三相同期発電機の等価回路⑵（発電機の等価回路）(p.52)

1 (1) ①力率　②遅れ　③進み
(2) ①②減磁，増磁　③電圧降下　④リアクタンス
(3) ①漏れ磁束　②漏れリアクタンス
(4) ①同期リアクタンス　②1相　③等価回路
　　④同期インピーダンス

3 三相同期発電機の特性⑴ (p.53)

1 ①界磁電流　②大きく　③飽和　④無負荷飽和

2 (1) ①界磁電流　②電機子短絡　③短絡
　　④比例　⑤短絡曲線
(2) ①短絡　②突発　③電機子　④持続

3 ①同期発電機　②I_s'　③飽和　④定格
⑤同期インピーダンス

3 三相同期発電機の特性⑵ (p.54)

1 ①V_n　②I_s

2 ①進み　②増加　③端子電圧　④遅れ

3 (1) $Z_s = \dfrac{V_n}{\sqrt{3}\,I_s} = \dfrac{400}{\sqrt{3}\times 11.25} = \underline{20.5\ \Omega}$

(2) $z_s = \dfrac{I_n}{I_s}\times 100 = \dfrac{8.66}{11.25}\times 100 = \underline{77.0\%}$

(3) $S = \dfrac{I_s}{I_n} = \dfrac{11.25}{8.66} = \underline{1.30}$

4 三相同期発電機の出力と並行運転(p.55)

1 ①等価回路　②ベクトル　③1相分　④I
⑤E　⑥x_s　⑦$\sin\delta$　⑧x_s　⑨位相角
⑩正弦　⑪負荷角　⑫負荷　⑬正

2 (1) ①周波数　②B
(2) ①大きさ　②R_{f2}（または界磁抵抗）
(3) ①位相　②同期　(4) ①波形　(5) ①相順

2 三相同期電動機(p.56)

1 三相同期電動機の原理⑴（回転の原理）(p.56)

1 (1) ①発電機　②三相交流　③回転
(2) ①N　②S　③トルク
(3) ①δ　②トルク
(4) ①回転磁界　②同期速度　③負荷
　　④負荷角

1 三相同期電動機の原理⑵(等価回路と電機子反作用)(p.57)

1 (1) ①1相分　②等価　③$\dot{V}$　④$\dot{I}_G$
(2) ①同じ　②1相分　③等価　④$jx_s\dot{I}_M$　⑤r_a+jx_s

2 (1) ①$\dfrac{\pi}{2}$
(2) ①進み　②減磁　③遅れ　④増磁

⑤同相　⑥交差磁化　⑦逆
(3) ①同期リアクタンス

2 三相同期電動機の特性⑴ (p.58)

1 ①同期　②小さい　③V　④I_M

2 ①負荷角　②最大値　③δ　④停止
⑤同期外れ

3 (1) $P_3 = \sqrt{3}\,V_1 I_1\cos\theta = \sqrt{3}\times 200\times 50\times 0.98$
　　$= \underline{17.0\ \text{kW}}$

(2) $P = P_3\eta = 17.0\times 0.85 = \underline{14.5\ \text{kW}}$

(3) $T = \dfrac{60P}{2\pi n_s} = \dfrac{60\times 14\,500}{2\times\pi\times 1\,800} = \underline{76.9\ \text{N·m}}$

2 三相同期電動機の特性⑵（位相特性）(p.59)

1 (1) ①同期外れ　②脱出　③④周波数，電圧　⑤最大
(2) ①負荷角　②周期的　③乱調
　　④制動巻線　⑤はずみ車

2 (1) ①電機子　②大きく　③δ
(2) ①遅れた
(3) ①縦軸　②横軸　③位相特性（または V）
　　④進み　⑤遅れ

3 三相同期電動機の始動とその利用(p.60)

1 (1) ①制動巻線　②三相　③三相誘導
　　④同期　⑤自己
(2) ①②誘導，直流　③無負荷　④励磁
　　⑤発電機　⑥電源

2 ①並列　②無負荷　③進み　④遅れ　⑤同期調相機

第6章　小形モータと電動機の活用

1 小形モータ(p.61)

1 小形直流モータ(p.61)

1 (1) ①丈夫　②回転　③電機子　④突極　⑤永久磁石
(2) ①コアレス　②カップ　③ディスク　④鉄心
　　⑤回転　⑥電機子巻線　⑦整流作用
(3) ①②ブラシ，整流子　③電気雑音
　　④ブラシレス　⑤ホール

2 小形交流モータ⑴（同期モータ）(p.62)

1 (1) ①回転磁界　②回転子　③同じ
(2) ①強磁性体　②高速　③電磁鋼板
　　④高速化　⑤エアコン　⑥電気自動車
(3) ①回転磁界　②電磁鋼板　③リラクタンス
(4) ①すきま（スリット）　②遠心力　③高速回転
(5) ①突極　②電流　③電磁石　④同期回転　⑤高速回転

2 小形交流モータ⑵
　　　　　　　　（非同期モータ・リニアモータ）(p.63)

1 (1) ①界磁巻線　②直列　③極性　④逆転
　　⑤向き　⑥トルク　⑦回転
(2) ①始動トルク　②回転速度

③④電気ドリル，電気掃除機　⑤補償巻線
⑥⑦交直両用，ユニバーサル

2　①直線的　②回転形　③展開　④三相交流　⑤推力

3 制御用モータ(1)(サーボモータ) (p.64)

1　①設定部　②比較部　③制御部　④制御対象
⑤負荷　⑥検出部

2 (1) ①目標値　②追従　③直流　④三相交流
(2) ①コアレス　②ブラシレス
③三相永久磁石同期　④三相かご形誘導
(3) ①半導体デバイス　②長寿命　③信頼性
(4) ①応答性　②速度範囲　③安定
④トルク　⑤過負荷

3 制御用モータ(2)(ステッピングモータ) (p.65)

1 (1) ①パルス　②一定角度　③駆動装置
(2) ①パルス　②励磁相　③コイル励磁
(3) ①定められた　②回転

2　①位置　②速度制御　③大きく　④上昇
⑤低下　⑥力(ブレーキ)　⑦振動　⑧脱調

3　$S = \dfrac{360}{\theta} = \dfrac{360}{2.4} = 150$

$n = \dfrac{60 \times f}{S} = \dfrac{60 \times 1\,200}{150} = \underline{480 \ \text{min}^{-1}}$

2 電動機の活用(p.66)

1 (1) ①トルク－速度　②冷却　③構造
④保護　⑤⑥連結，制御
(2) ①設備　②保守　③信頼性　④互換性
⑤省エネルギー

2 (1) ①トルク　②安定
(2) ①速い　②上昇　③トルク　④安定
(3) ①遅い　②急停止　③急上昇　④不安定　⑤安定

第7章　パワーエレクトロニクス

1 パワーエレクトロニクスとパワー半導体デバイス(p.67)

1 パワーエレクトロニクス　**2** 電力変換
3 電力変換回路(p.67)

1 (1) ①パワー半導体デバイス
②～⑤電圧，電流，周波数，波形
(2) ①②発電，送電　③電車　④⑤HV，EV
⑥工作機械　⑦クレーン
(3) ①順変換　②整流　③逆変換　④インバータ
(4) ①直流変換　②直流チョッパ　③交流変換
④サイクロ
(5) ①半導体　②オンオフ　③半導体バルブ
④オン抵抗　⑤発熱　⑥電力変換

4 半導体バルブデバイスとその性質(p.68)

1 (1) ①②p形，n形　③アノード　④カソード

⑤順　⑥逆　⑦オン　⑧逆阻止
(2) ①pnpn　②アノード　③カソード　④ゲート

2 (1) ①アノード　②オフ　③ゲート　④I_A
⑤オン　⑥アノード電流(または保持電流)　⑦逆
(2) ①ターンオン　②ターンオフ

2 整流回路と交流電力調整回路(p.69)

1 (1) ①単相半波整流　②抵抗　③ターンオン
④逆方向　⑤ターンオフ
(2) ①制御角　②直流平均電圧

2　①三相全波(三相ブリッジ)　②制御角
③整流ダイオード

3　$V_d = 0.9 \times 100 \times \dfrac{1 + \cos \dfrac{\pi}{6}}{2} = \underline{84.0 \ \text{V}}$

$I_d = \dfrac{V_d}{R} = \dfrac{84}{10} = \underline{8.4 \ \text{A}}$

3 直流チョッパ(p.70)

1 (1) ①直流降圧　②直流昇圧　③直流昇降圧
(2) ①パルス　②③オン，オフ
(3) ①直流降圧　②i　③リアクトル　④i_F
(4) ①小さく　②大きく

2 (1) ①電圧　②直流　③電子
(2) ①電機子　②速度
(3) ①発電機　②回生　③制動力

4 インバータとその他の変換装置(p.71)

1 インバータの原理　**2** インバータの出力電圧調整
3 方形波インバータの波形改善(p.71)

1 (1) ①逆変換　②インバータ
(2) ①S_4　②S_1　③R　④S_4
⑤⑥S_2, S_3　⑦S_3　⑧R　⑨S_2
⑩直流　⑪交流　⑫周波数

2 (1) ①パルス幅　②周期　③平均電圧
(2) ①高調波成分　②パルス幅　③パルス幅変調(PWM)
(3) ①高調波成分　②正弦波

4 インバータの利用　**5** その他の変換装置(p.72)

1 (1) ①②周波数，電圧　③インバータ
(2) ①送風機　②～⑤エレベータ，電気鉄道，
電気自動車，ルームエアコンディショナ
⑥制動　⑦発電機　⑧電力　⑨回生
(3) ①電圧低下　②停電　③無停電　④二次電池
(4) ①パワーコンディショナ(PCS)　②制御機能
③保護機能
(5) ①太陽光発電　②太陽電池　③直流電力
④パワーコンディショナ(PCS)　⑤交流電力

2 (1) ①50　②60　③周波数変換
(2) ①間接交流　②③マトリックス，サイクロ
④直接交流

24(02)